やりすぎ恐《きょう》竜《りゅう》図《ず》鑑《かん》

なんでここまで進《しん》化《か》した!?

監修《かんしゅう》 小《こ》林《ばやし》快《よし》次《つぐ》
イラスト 川《かわ》崎《さき》悟《さと》司《し》

宝島社

はじめに　「やりすぎ恐竜《きょうりゅう》図鑑《ずかん》」へようこそ

読者《どくしゃ》のみなさま。恐竜《きょうりゅう》の時代《じだい》がどれだけ続《つづ》いたのかご存《ぞん》じでしょうか。

Thinking time …………。

「1億年《おくねん》??」

おしい！　答《こた》えは約《やく》1億《おく》6000万年《まんねん》です。では、人類《じんるい》は？

「700万年《まんねん》」

するどい！　人類《じんるい》に一番《いちばん》近《ちか》い霊長類《れいちょうるい》（サルのなかま）のヒト亜族《あぞく》があらわれたのが700万年《まんねん》前《まえ》といわれています。そして、二足歩行《にそくほこう》の原人《げんじん》があらわれたのが約《やく》200万年前《まんねんまえ》になります。

恐竜《きょうりゅう》は、ヒト亜族《あぞく》と比《くら》べると、23倍近《ばいちか》くも長《なが》い間《あいだ》、存在《そんざい》していたわけです。二足歩行《にそくほこう》になった原人《げんじん》と比《くら》べると、約《やく》80倍《ばい》も長《なが》い間《あいだ》、存在《そんざい》していたのです。

期間《きかん》でいえば、1億《おく》5000万年以上《まんねんいじょう》、霊長類《れいちょうるい》や人類《じんるい》よりも長《なが》い間《あいだ》、地球上《ちきゅうじょう》にいました。ということは、何《なに》を意味《いみ》するでしょうか……。

それだけ進化《しんか》したということです。人類《じんるい》だって、木《き》の上《うえ》の生活《せいかつ》から二足歩行《にそくほこう》になり、体《からだ》の毛《け》が少《すく》なくなって、言葉《ことば》も使《つか》えるようになり、脳《のう》も大《おお》きくなって、さまざまな文明《ぶんめい》を生《う》んできました。

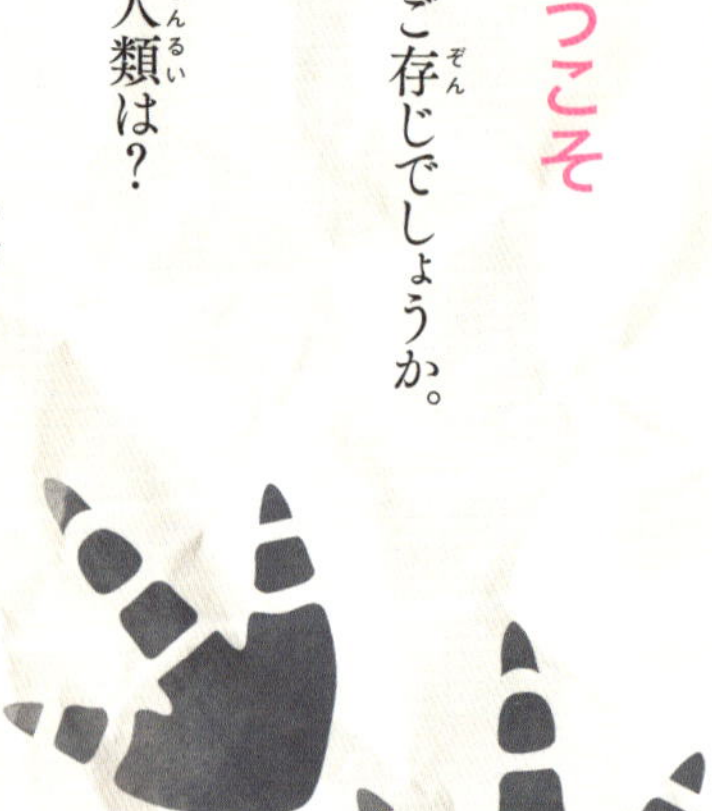

その間《かん》約《やく》200万年《まんねん》。

恐竜《きょうりゅう》はその80倍《ばい》の時間《じかん》があったのです。そのため、さまざまな種類《しゅるい》の恐竜《きょうりゅう》たちが進化《しんか》を遂《と》げました。スーパーサウルスのように30mもの巨体《きょたい》になったもの。トリケラトプスのように角《つの》かざりが極端《きょくたん》に発達《はったつ》したもの。歯《は》の数《かず》が2000本《ぼん》もあったエドモントサウルス、ちなみに人間《にんげん》は32本《ほん》です。さらにあごが発達《はったつ》し骨《ほね》まで砕《くだ》けるようになったティラノサウルス。などなど、さまざまな形《かたち》に進化《しんか》しました。

それもこれも、1億《おく》6000万年《まんねん》を超《こ》える進化《しんか》のときがあったからです。だからこそ、恐竜《きょうりゅう》は興味深《きょうみぶか》いのです。

この本《ほん》では、なんで、ここまで進化《しんか》してしまったの？「やりすぎ」じゃん！ えー、こんな特徴《とくちょう》があったんだ！ そうか、こんな形《かたち》をしていたんだ！ などなど。約《やく》1億《おく》6000万年《まんねん》のときを生《い》きた、驚《おどろ》くべき恐竜《きょうりゅう》たちを紹介《しょうかい》していきます。

イラストはさまざまな恐竜《きょうりゅう》を描《えが》いてきた川崎悟司《かわさきさとし》さん。恐竜《きょうりゅう》の選択《せんたく》と監修《かんしゅう》は北海道大学《ほっかいどうだいがく》の准教授《じゅんきょうじゅ》で恐竜研究者《きょうりゅうけんきゅうしゃ》の小林快次《こばやしよしつぐ》さんにお願《ねが》いしました。ぜひ、一緒《いっしょ》に恐竜《きょうりゅう》の驚《おどろ》きの旅《たび》へスタートしましょう。

「やりすぎ恐竜図鑑《きょうりゅうずかん》」編集部一同《へんしゅうぶいちどう》

読《よ》みがなは各《かく》ページに全部《ぜんぶ》（データ部分《ぶぶん》を除《のぞ》く）ついています

読《よ》みがなは各《かく》ページに全《ぜん》部《ぶ》（データ部《ぶ》分《ぶん》を除《のぞ》く）ついています

原始的《げんしてき》な獣脚類《しゅうきゃくるい》

獣脚類《しゅうきゃくるい》

読《よ》みがなは各《かく》ページに全部《ぜんぶ》（データ部分《ぶぶん》を除《のぞ》く）ついています

恐竜《きょうりゅう》って何《なに》？

そもそも恐竜《きょうりゅう》とは何《なに》を指《さ》すのでしょうか。恐竜《きょうりゅう》は恐竜《きょうりゅう》時代《じだい》のは虫類《ちゅうるい》から進化《しんか》しました。どのように進化《しんか》したかというと、あしのつき方《かた》です。

は虫類《ちゅうるい》のあしは、体《からだ》から横《よこ》に広《ひろ》がってついています。しかし、恐竜《きょうりゅう》のあしは下《した》に向《む》かってついているのです。そのため直立《ちょくりつ》することができ、すばやく移動《いどう》することが可能《かのう》になりました。

さらに大《おお》きな体《からだ》を支《ささ》えることができるようになり、恐竜《きょうりゅう》の巨大化《きょだいか》も進《すす》んだのです。ちなみに、恐竜《きょうりゅう》はすべて10mを超《こ》える巨体《きょたい》だったと思《おも》っている人《ひと》がいたら大間違《おおまちが》

は虫類《ちゅうるい》と恐竜《きょうりゅう》のあしのつき方《かた》の違《ちが》い

いです。恐竜《きょうりゅう》の多《おお》くは人間並《にんげんな》みの大《おお》きさか少々大《しょうしょうおお》きいくらいです。恐竜《きょうりゅう》と鳥類《ちょうるい》の架《か》け橋《はし》になる始祖鳥《しそちょう》の全長《ぜんちょう》は50㎝しかありませんでした。しかし、小型《こがた》の恐竜《きょうりゅう》はそれほど目立《めだ》たないし、骨《ほね》などもなくなるケースが多《おお》く、大型《おおがた》の恐竜《きょうりゅう》ばかりが注目《ちゅうもく》されてきました。

しかし、恐竜《きょうりゅう》の時代《じだい》の地球上《ちきゅうじょう》には、小型《こがた》の恐竜《きょうりゅう》がいたるところで生息《せいそく》していたのです。

恐竜《きょうりゅう》のいた時代《じだい》

恐竜《きょうりゅう》のいた時代《じだい》を地球《ちきゅう》の歴史《れきし》で中生代《ちゅうせいだい》といいます。恐竜時代《きょうりゅうじだい》の終《お》わりから現代《げんだい》が新生代《しんせいだい》で、恐竜時代《きょうりゅうじだい》の前《まえ》が古生代《こせいだい》です。恐竜《きょうりゅう》が誕生《たんじょう》したのは、その中生代《ちゅうせいだい》の三畳紀《さんじょうき》です。地球上《ちきゅうじょう》では何度《なんど》も生物《せいぶつ》が絶滅《ぜつめつ》の危機《きき》を迎《むか》えています。その最大《さいだい》の危機《きき》が、恐竜《きょうりゅう》の生《う》まれる前《まえ》に起《お》こったペルム紀《き》の大量絶滅《たいりょうぜつめつ》です。この大量絶滅《たいりょうぜつめつ》で地球上《ちきゅうじょう》の生物《せいぶつ》の90%がいなくなってしまいました。原因《げんいん》はよくわかっていません。巨大《きょだい》な火山活動《かざんかつどう》によるもの、食物連鎖《しょくもつれんさ》のバランスが崩《くず》れたことによるもの、などの説《せつ》があります。

恐竜《きょうりゅう》は、そのペルム紀《き》に起《お》きた大量絶滅《たいりょうぜつめつ》の後《あと》、は虫類《ちゅうるい》から進化《しんか》します。そのころの地球《ちきゅう》が三畳紀《さんじょうき》と呼《よ》ばれ、乾燥《かんそう》していました。そのため乾燥《かんそう》に強《つよ》いは虫類《ちゅうるい》が生《い》き残《のこ》り、繁栄《はんえい》します。そして恐竜《きょうりゅう》が生《う》まれました。さらに、この時代《じだい》の地球《ちきゅう》は大陸移動《たいりくいどう》と火山活動《かざんかつどう》が活発《かっぱつ》に行《おこな》われており、酸素濃度《さんそのうど》が低《ひく》かったといわれています。恐竜《きょうりゅう》の呼吸器官《こきゅうきかん》は、その低《ひく》い酸素濃度《さんそのうど》でも生《い》きていける構造《こうぞう》をもっていました。恐竜《きょうりゅう》の時代《じだい》の始《はじ》まりです。

三畳紀《さんじょうき》の後《あと》はジュラ紀《き》です。ジュラ紀《き》に入《はい》ると地球《ちきゅう》の熱帯《ねったい》の気候《きこう》がとても安定《あんてい》し、種子植物《しゅししょくぶつ》などの森林《しんりん》が広《ひろ》がり、植物食恐竜《しょくぶつしょくきょうりゅう》が豊富《ほうふ》なエサで巨大化《きょだいか》していきます。さらにその植物食恐竜《しょくぶつしょくきょうりゅう》を食《た》べる肉食恐竜《にくしょくきょうりゅう》の体《からだ》も大《おお》きくなりました。そして、中生代《ちゅうせいだい》の最後《さいご》の時代《じだい》の白亜紀《はくあき》に入《はい》ります。白亜紀《はくあき》は地球全体《ちきゅうぜんたい》が暖《あたた》かく、花《はな》が咲《さ》く植物《しょくぶつ》が登場《とうじょう》し、恐竜《きょうりゅう》がもっとも繁栄《はんえい》した時代《じだい》です。しかし、この時代《じだい》も終《お》わりを迎《むか》えます。なぜか、これはこの本《ほん》の最後《さいご》に書《か》きましょう。

恐竜《きょうりゅう》の種類《しゅるい》

恐竜《きょうりゅう》は大《おお》きく分《わ》けて、鳥盤類《ちょうばんるい》と竜盤類《りゅうばんるい》に分《わ》かれます。違《ちが》いは骨盤《こつばん》の形《かたち》です。骨盤《こつばん》の中《なか》の恥骨《ちこつ》が後《うし》ろに向《む》いているのが、「鳥《とり》のような骨盤《こつばん》をもった恐竜《きょうりゅう》」を意味《いみ》する鳥盤類《ちょうばんるい》です。一方《いっぽう》、竜盤類《りゅうばんるい》は恥骨《ちこつ》が下《した》を向《む》いて

◆地質学上《ちしつがくじょう》の歴史年表《れきしねんぴょう》（は虫類《ちゅうるい》の出現《しゅつげん》から恐竜絶滅《きょうりゅうぜつめつ》まで）

石炭紀《せきたん》
は虫類の出現
【3億5890万年前～】

ペルム紀
【2億9890万年前～】
は虫類、ほ乳類型は虫類の誕生

三畳紀
恐竜の誕生、ほ乳《にゅう》類の出現
【2億5217万年前～】

ジュラ紀
【2億130万年前～】
恐竜が地球上を支配。最古《さいこ》の鳥類が出現

白亜紀
恐竜の繁栄と大量絶滅
【1億4500万年前～】

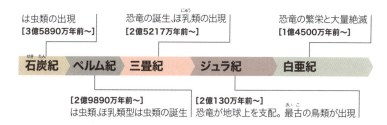

います。竜盤類《りゅうばんるい》とは「トカゲのような骨盤《こつばん》をもった恐竜《きょうりゅう》」という意味《いみ》です。ただし、鳥類《ちょうるい》の先祖《せんぞ》は鳥盤類《ちょうばんるい》ではありません。鳥類《ちょうるい》は恐竜《きょうりゅう》の一種《いっしゅ》であるといわれますが、竜盤類《りゅうばんるい》の恐竜《きょうりゅう》が進化《しんか》して鳥類《ちょうるい》になったと考《かんが》えられています。ややこしいですが、鳥《とり》のような骨盤《こつばん》をもった鳥盤類《ちょうばんるい》は鳥《とり》ではないということです。

恐竜《きょうりゅう》には植物《しょくぶつ》をエサにする植物食恐竜《しょくぶつしょくきょうりゅう》と動物《どうぶつ》をエサとする肉食恐竜《にくしょくきょうりゅう》がいます。鳥盤類《ちょうばんるい》の恐竜《きょうりゅう》はすべて植物食恐竜《しょくぶつしょくきょうりゅう》です。竜盤類《りゅうばんるい》のなかの一部《いちぶ》に肉食恐竜《にくしょくきょうりゅう》がいました。

鳥盤類《ちょうばんるい》は進化《しんか》の過程《かてい》で、装盾類《そうじゅんるい》と周飾頭類《しゅうしょくとうるい》と鳥脚類《ちょうきゃくるい》に分《わ》かれました。

装盾類《そうじゅんるい》はステゴサウルスのような背中《せなか》に骨《ほね》の板《いた》が飛《と》び出《で》ている剣竜類《けんりゅうるい》と、アンキロサウルスのような骨《ほね》の鎧《よろい》で体《からだ》を覆《おお》われていたよろい竜類《りゅうるい》がいました。

周飾頭類《しゅうしょくとうるい》は、頭《あたま》にかざりのある植物食恐竜《しょくぶつしょくきょうりゅう》で、頭《あたま》が固《かた》い骨《ほね》で覆《おお》われた堅頭竜類《けんとうりゅうるい》と、トリケラトプスのようにオウムのようなくちばしと角《つの》をもった角竜類《つのりゅうるい》がいました。

鳥盤類《ちょうばんるい》と竜盤類《りゅうばんるい》の骨盤《こつばん》の違《ちが》い

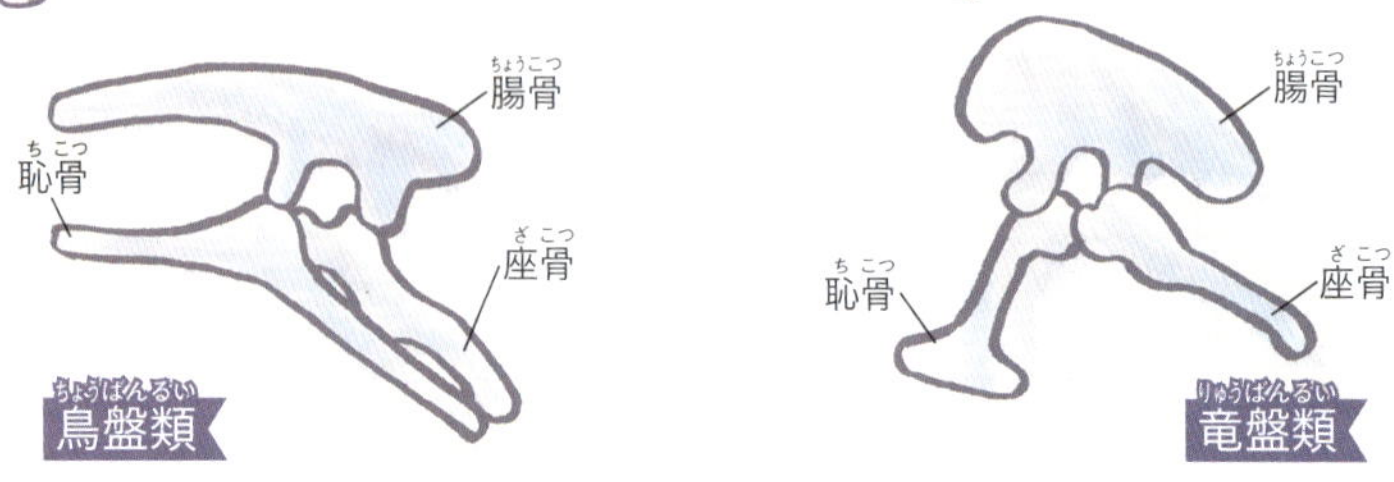

鳥脚類《ちょうきゃくるい》はそれ以外《いがい》の二足歩行《にそくほこう》をする植《しょく》物食恐竜《ぶつしょくきょうりゅう》です。ハドロサウルス科《か》のように、くちばしをもち、奥《おく》にたくさんの歯《は》をもつことで植物《しょくぶつ》を食《た》べるのを得意《とくい》とした、スーパーベジタリアンです。

一方《いっぽう》、竜盤類《りゅうばんるい》は竜脚形類《りゅうきゃくけいるい》と獣脚類《じゅうきゃくるい》と鳥《ちょう》類《るい》に分《わ》かれます。

竜脚形類《りゅうきゃくけいるい》は、竜盤類《りゅうばんるい》のなかの植物食恐《しょくぶつしょくきょう》竜《りゅう》です。一部二足歩行《いちぶにそくほこう》もいましたが、多《おお》くは四足歩行《しそくほこう》で、スーパーサウルスなどがこの仲間《なかま》です。

獣脚類《じゅうきゃくるい》は二足歩行《にそくほこう》で、ほとんどが肉食《にくしょく》恐竜《きょうりゅう》です。ティラノサウルスがその代表《だいひょう》です。この獣脚類《じゅうきゃくるい》で翼《つばさ》をもったものが鳥類《ちょうるい》へ進化《しんか》していきました。

恐竜《きょうりゅう》の分類系統図《ぶんるいけいとうず》

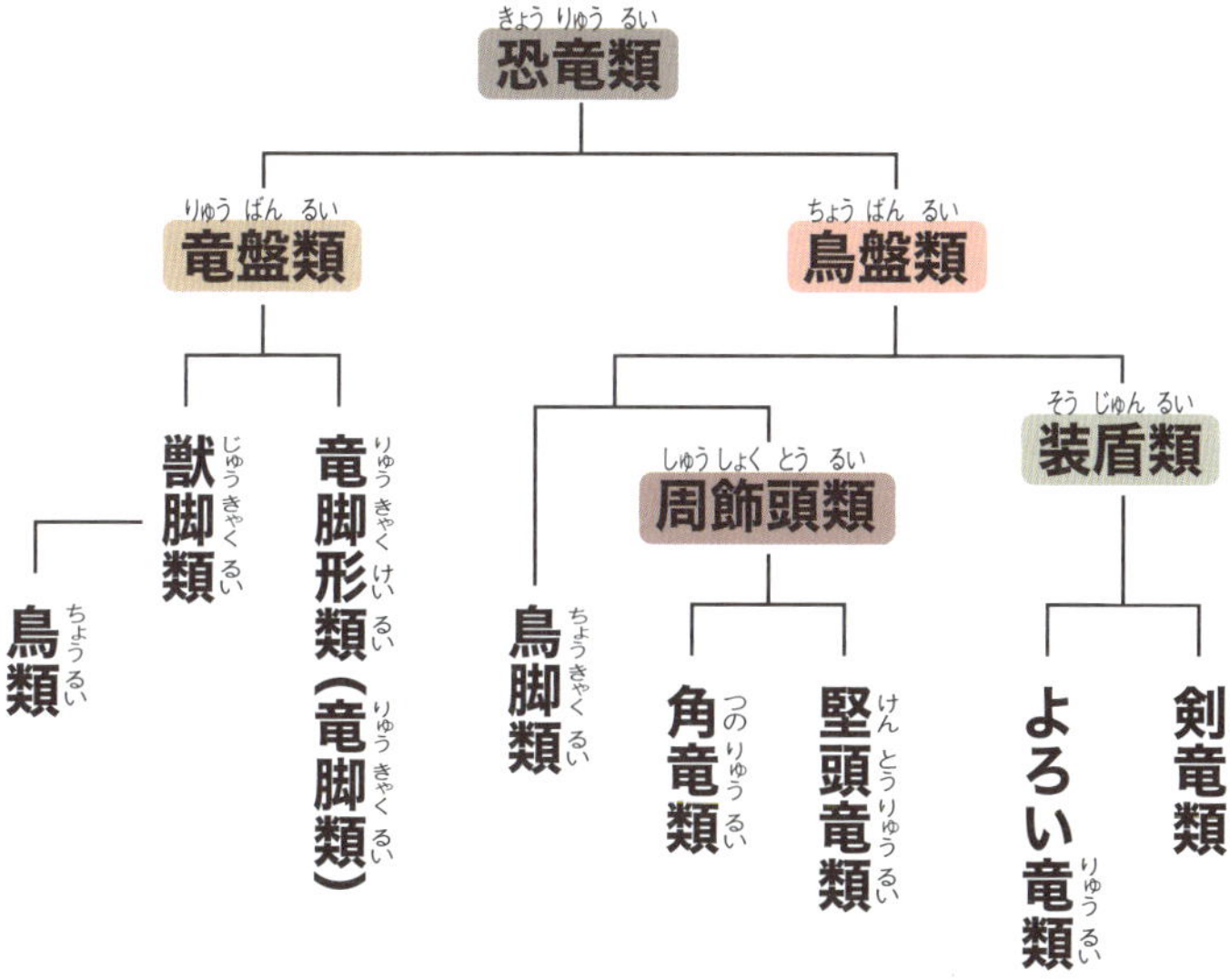

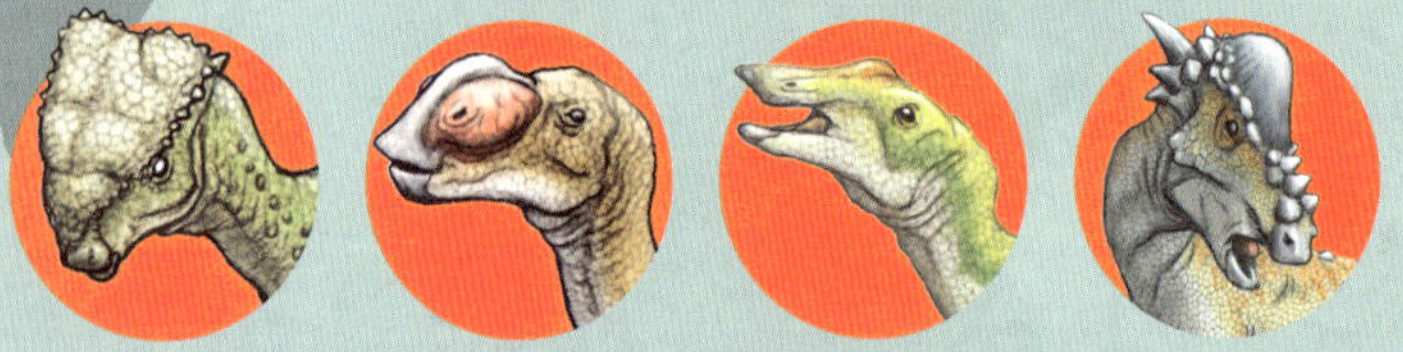

and more...

データの内容

●種類《しゅるい》　鳥盤類《ちょうばんるい》／剣竜類《けんりゅうるい》、よろい竜類《りゅうるい》、堅頭竜類《けんとうりゅうるい》、角竜類《つのりゅうるい》、鳥脚類《ちょうきゃくるい》

●生息期間《せいそくきかん》　三畳紀《さんじょうき》、ジュラ紀《き》、白亜紀《はくあき》などの前期《ぜんき》、中期《ちゅうき》、後期《こうき》

●全長《ぜんちょう》　単位《たんい》はm

●生息地《せいそくち》　いろいろ

●食物《しょくぶつ》　植物食《しょくぶつしょく》

●名前《なまえ》の由来《ゆらい》　いろいろ

第《だい》1章《しょう》

鳥《ちょう》盤《ばん》類《るい》

背中《せなか》にいくつもの板《いた》が生《は》えているステゴサウルス、長《なが》くするどくとがった角《つの》とフリルをもつトリケラトプス、硬《かた》い皮膚《ひふ》の骨《ほね》で包《つつ》まれたアンキロサウルスなどなど、肉食恐竜《にくしょくきょうりゅう》の餌食《えじき》にならないために進化《しんか》した植物食恐竜《しょくぶつしょくきょうりゅう》。鳥《とり》の骨盤《こつばん》に似《に》ているのに、実《じつ》は鳥《とり》の先祖《せんぞ》ではない鳥盤類《ちょうばんるい》。選《よ》りすぐった33種《しゅ》を紹介《しょうかい》！

巨大《きょだい》な五角形《ごかっけい》の骨板《こつばん》
ステゴサウルス

巨大《きょだい》な背中《せなか》の板《いた》。武器《ぶき》ではありません。体温調節《たいおんちょうせつ》のためにあったといわれています。寒《さむ》いときは日光浴《にっこうよく》をして板《いた》に光《ひかり》をあてて体《からだ》を温《あたた》め、逆《ぎゃく》に暑《あつ》いときは風《かぜ》をあてて涼《すず》んでいました。この板《いた》の骨《ほね》には多《おお》くの溝《みぞ》があり、ここに血管《けっかん》が通《とお》っていました。この血液《けつえき》が循環《じゅんかん》して体《からだ》を温《あたた》めたり冷《ひ》やしたりしたといわれています。

ちなみに、武器《ぶき》は尻尾《しっぽ》についているトゲ。この尻尾《しっぽ》を振《ふ》り回《まわ》して、相手《あいて》のあしを攻撃《こうげき》したのです。

この恐竜《きょうりゅう》のもうひとつの特徴《とくちょう》は前《まえ》あしが短《みじか》いこと。だから、口《くち》の位置《いち》は低《ひく》くなり、食《た》べるものは口《くち》の届《とど》く背《せ》の低《ひく》い植物《しょくぶつ》でした。悲《かな》しいことに脳《のう》の大《おお》きさはくるみ程度《ていど》。全長《ぜんちょう》が9mもあったのに脳《のう》は人間《にんげん》の45分《ぶん》の1ほどしかありませんでした。

背中《せなか》の板《いた》は日光浴《にっこうよく》のために大《おお》きくなった!?

ステゴサウルス
Stegosaurus

- **種類**　鳥盤類・剣竜類
- **生息期間**　ジュラ紀後期
- **全長**　7 ～ 9m
- **生息地**　アメリカ、ポルトガル
- **食物**　植物食
- **名前の由来**　屋根をもつトカゲ

暖《あたた》か〜〜い！
脳《のう》の重《おも》さは28g
のどのウロコが鎧《よろい》がわり

背中《せなか》の板《いた》が長方形《ちょうほうけい》！

ウェルホサウルス

ステゴサウルスのなかまの剣竜《けんりゅう》です。背中《せなか》の板《いた》が長方形《ちょうほうけい》なのが特徴《とくちょう》。尾《お》にはほかの剣竜同様《けんりゅうどうよう》、攻撃用《こうげきよう》のトゲもあったようです。

全長《ぜんちょう》は6ｍほど。活動《かつどう》していたのはステゴサウルス（ジュラ紀後期《きこうき》）の後《あと》の時代《じだい》、白亜紀前期《はくあきぜんき》でした。一番後《いちばんあと》まで活動《かつどう》していた剣竜《けんりゅう》

板《いた》は四角《しかく》に進化《しんか》したけど、脳《のう》はやっぱり梅干《うめぼし》サイズ!?

ウェルホサウルス
Wuerhosaurus

- **種類**　鳥盤類・剣竜類
- **生息期間**　白亜紀前期
- **全長**　6ｍ
- **生息地**　中国
- **食物**　植物食
- **名前の由来**　ウェルホ（中国の地名）のトカゲ

です。なぜか、剣竜《けんりゅう》は白亜《はくあ》紀《き》の中《なか》ごろでいなくなってしまいます。

ステゴサウルスのなかまは脳《のう》が小《ちい》さく進化《しんか》しています。このウェルホサウルスも同様《どうよう》で、脳《のう》は小《ちい》さく、頭《あたま》は全体的《ぜんたいてき》に体《からだ》の低《ひく》い位置《いち》にありました。より低《ひく》い位置《いち》の植物《しょくぶつ》を食《た》べていたのでしよう。

発見《はっけん》されたのは中国《ちゅうごく》の烏爾禾《ウェルホ》で、名前《なまえ》の由来《ゆらい》にもなっています。

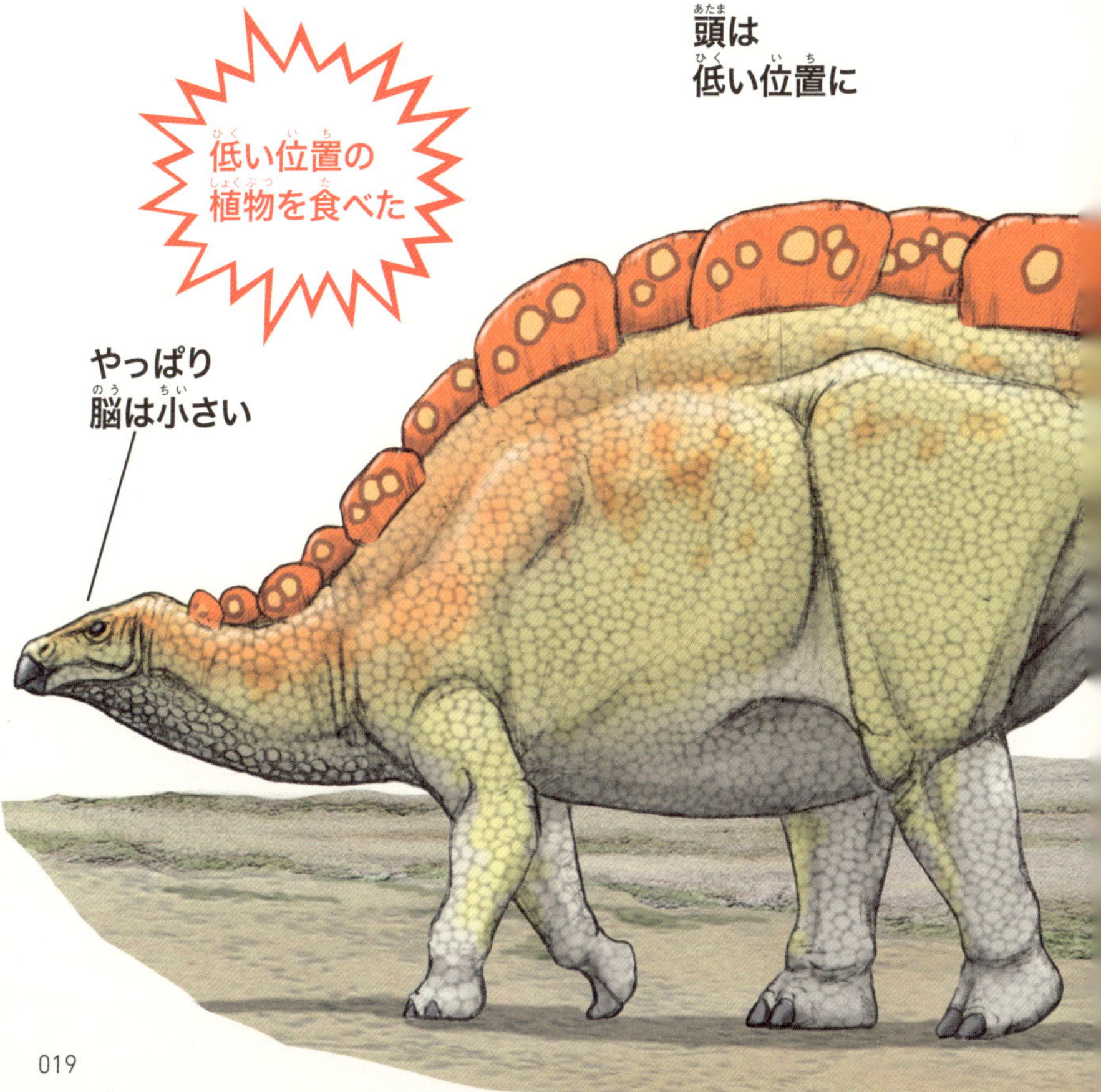
頭《あたま》は
低《ひく》い位置《いち》に
低《ひく》い位置《いち》の
植物《しょくぶつ》を食《た》べた
やっぱり
脳《のう》は小《ちい》さい

長《なが》い首《くび》で、背《せ》の高《たか》い植物《しょくぶつ》も食《た》べれるわ

剣竜一《けんりゅういち》の長《なが》い首《くび》を持《も》つ女神《めがみ》？ ミラガイア

この恐竜《きょうりゅう》も剣竜《けんりゅう》ですが、ほかの剣竜《けんりゅう》との大《おお》きな違《ちが》いは首《くび》の長《なが》さ。頸骨《けいこつ》（首《くび》の骨《ほね》）の数《かず》が17個《こ》もあり、ステゴサウルスの12、13個《こ》より、5つほど多《おお》いのです。首《くび》の長《なが》さは体全体《からだぜんたい》の3分《ぶん》の1にもなり、その首《くび》の長《なが》さを利用《りよう》して、背《せ》の高《たか》い植物《しょくぶつ》を食《た》べることができたと考《かんが》

ミラガイア
Miragaia

●**種類**	鳥盤類・剣竜類
●**生息期間**	ジュラ紀後期
●**全長**	6.5m
●**生息地**	ポルトガル
●**食物**	植物食
●**名前の由来**	ミラガイア（ポルトガルの地名）

えられています。全長《ぜんちょう》は6から7mくらいで、背中《せなか》の板《いた》が多《おお》くありました。ステゴサウルスより少々《しょうしょう》大《おお》きかったようです。活動《かつどう》していた時期《じき》は1億《おく》5000万年前《まんねんまえ》のジュラ紀後期《きこうき》。剣竜《けんりゅう》が一番繁《いちばんはん》栄《えい》していたころです。名前《なまえ》のミラガイアは、この恐竜《きょうりゅう》の発見《はっけん》されたところのポルトガルの地名《ちめい》。この地名《ちめい》の意味《いみ》は、「地球上《ちきゅうじょう》のすばらしい女神《めがみ》」です。もちろん、この恐竜《きょうりゅう》の姿《すがた》とは関係《かんけい》ないでしょう。

骨《ほね》の鎧《よろい》で固《かた》めた大型戦車《おおがたせんしゃ》

アンキロサウルス

肉食恐竜《にくしょくきょうりゅう》に少々《しょうしょう》襲《おそ》われても負《ま》けない体《からだ》をもった植物食恐竜《しょくぶつしょくきょうりゅう》が生《い》き残《のこ》ったのでしょう。アンキロサウルスの体《からだ》は全身《ぜんしん》を鎧《よろい》に包《つつ》まれていたのです。その鎧《よろい》は「皮骨《ひこつ》」という骨《ほね》でできていました。

さらに、背中《せなか》や頭《あたま》だけでなくマブタも骨《ほね》でできた鎧《よろい》になっていたようです。それ

マブタまで鎧《よろい》になってしまった!?

だけでなく、尻尾《しっぽ》の先《さき》も骨《ほね》でできたハンマーのようになっていて、敵《てき》に襲《おそ》われたとき、これで反撃《はんげき》しました。全身《ぜんしん》を骨《ほね》の鎧《よろい》で固《かた》めた大型《おおがた》戦車《せんしゃ》のようでした。このように、鎧《よろい》をもった恐竜《きょうりゅう》をよろい竜《りゅう》といいます。

胃《い》にはバクテリアがいて、バリバリ食《た》べた植物《しょくぶつ》の消化《しょうか》を助《たす》けていたのかもしれません。アンキロサウルスの歯《は》にはすりへったあとがあり、すりへるほど歯《は》を使《つか》って植物《しょくぶつ》を食《た》べていたようです。

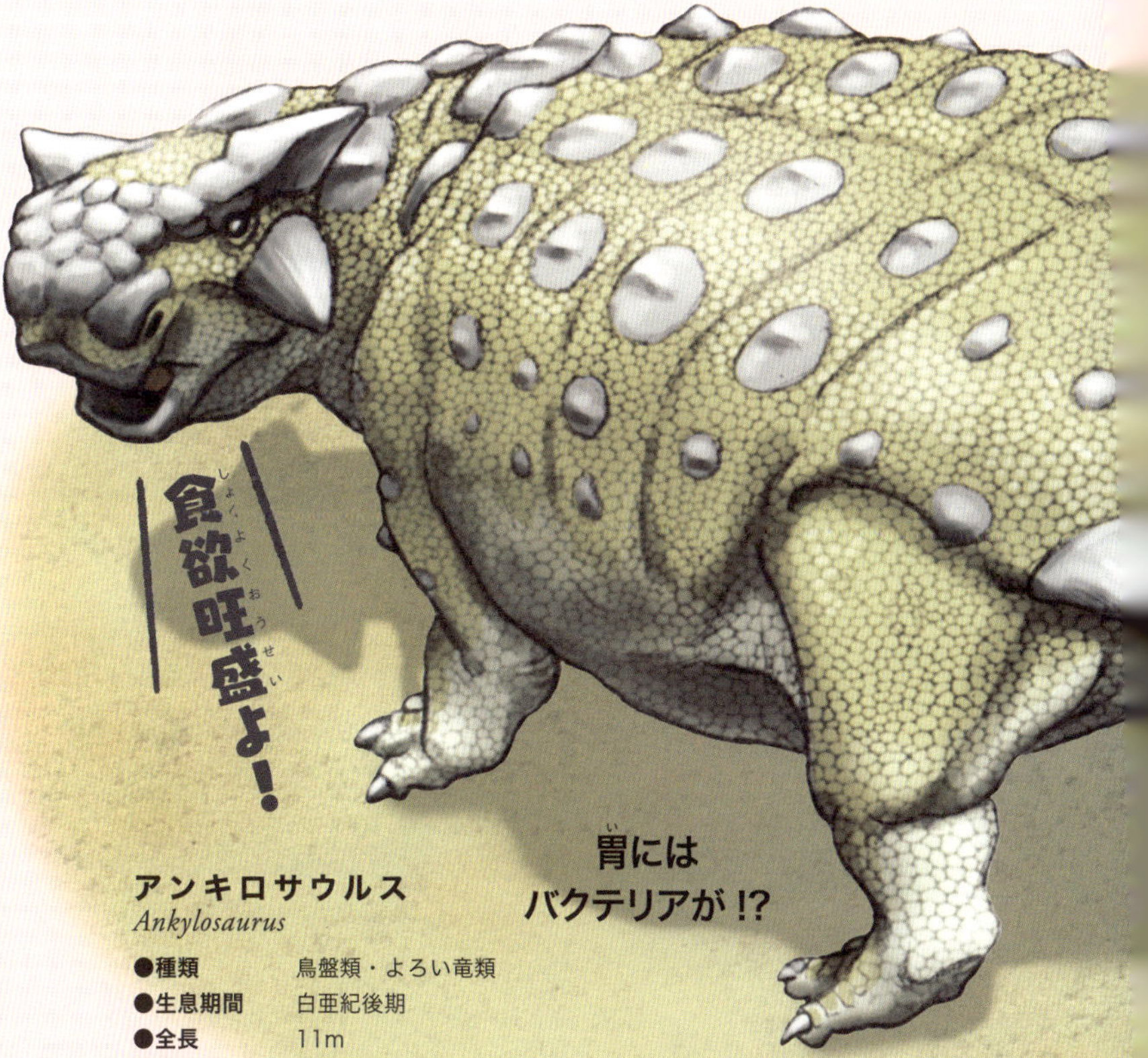

アンキロサウルス
Ankylosaurus

●**種類**　鳥盤類・よろい竜類
●**生息期間**　白亜紀後期
●**全長**　11m
●**生息地**　アメリカ
●**食物**　植物食
●**名前の由来**　連結したトカゲ

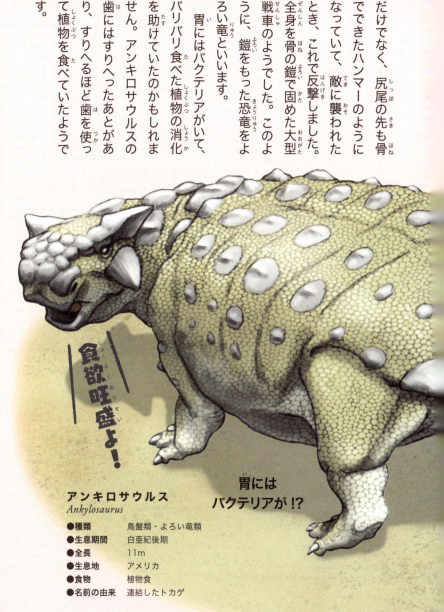

よろい竜一《りゅういち》の尻尾《しっぽ》

ユーオプロケファルス

アンキロサウルスと同《おな》じよろい竜《りゅう》に属《ぞく》するのがユーオプロケファルス。アンキロサウルスより少《すこ》し前《まえ》の時代《じだい》に存在《そんざい》していました。

全長《ぜんちょう》は6mほどで、体《からだ》を骨板《こつばん》で覆《おお》い、尻尾《しっぽ》の先《さき》に骨《ほね》のハンマーがついていました。そのハンマーはかなり太《ふと》くて重《おも》かったのです。

肉食恐竜《にくしょくきょうりゅう》もビックリ！脅威《きょうい》のハンマー尻尾《しっぽ》!?

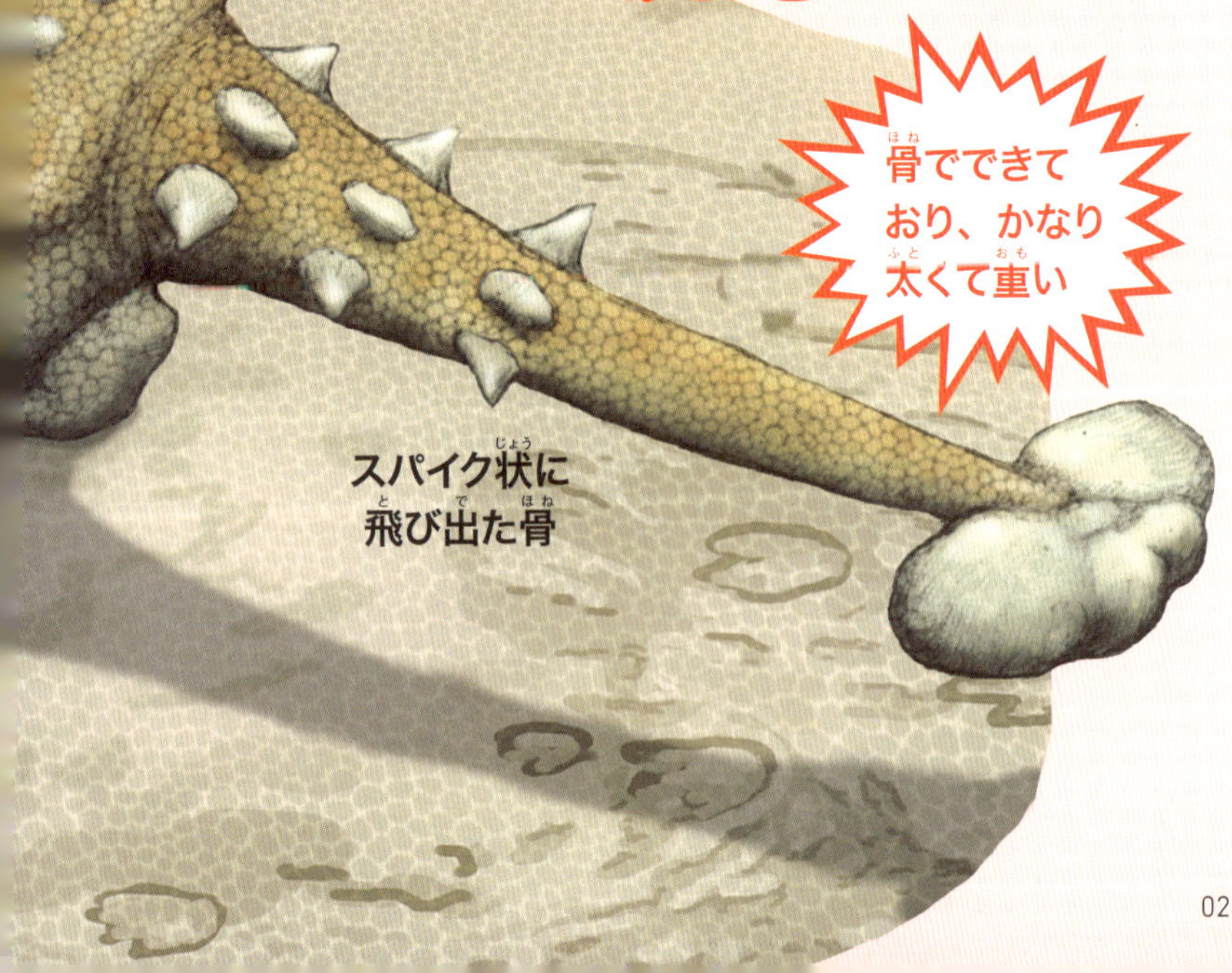

　さらに、背中《せなか》は皮骨《ひこつ》の骨《こつ》板《ばん》で覆《おお》われていただけでなく、骨《ほね》がスパイク状《じょう》に飛《と》び出《で》ていました。また、後頭《こうとう》部《ぶ》のカドからも突起物《とっきぶつ》が出《で》ていました。これによって肉食恐竜《にくしょくきょうりゅう》から身《み》を守《まも》っていたのでしょう。あしの速《はや》さも、見《み》た目《め》から想像《そうぞう》してしまうような鈍足《どんそく》ではなく、逃《に》げあしがあったようです。

　口《くち》は鳥《とり》のくちばしのようで、歯《は》は少《すく》なく、やわらかい植物《しょくぶつ》を食《た》べていたと考《かんが》えられています。

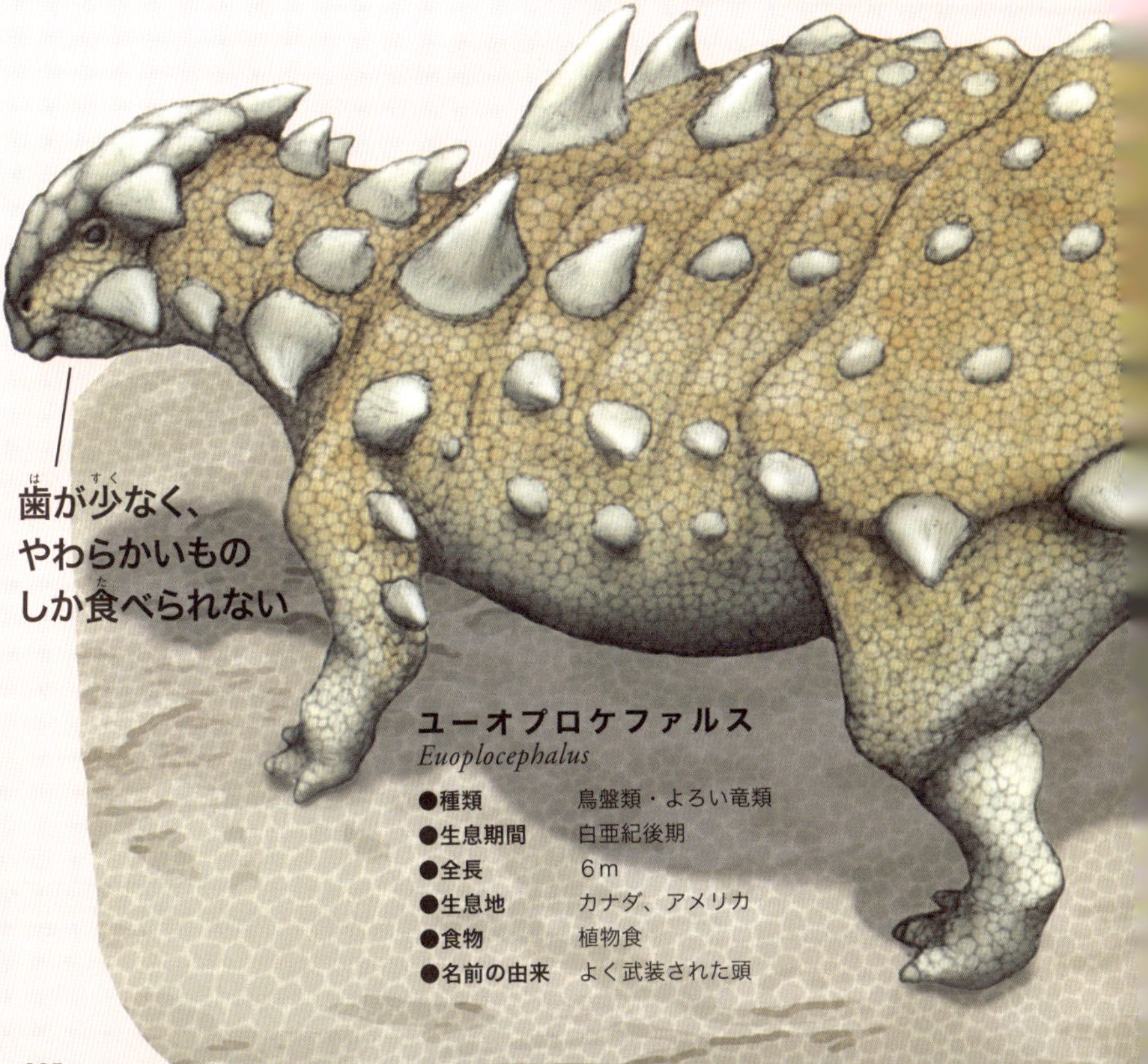

ユーオプロケファルス
Euoplocephalus

●種類	鳥盤類・よろい竜類
●生息期間	白亜紀後期
●全長	6ｍ
●生息地	カナダ、アメリカ
●食物	植物食
●名前の由来	よく武装された頭

中型《ちゅうがた》のアンキロサウルス類《るい》

ピナコサウルス

中国《ちゅうごく》とモンゴルで発見《はっけん》され、アジアでもっとも多《おお》く化石《かせき》の見《み》つかっている中型《ちゅうがた》のアンキロサウルス類《るい》のよろい竜《りゅう》です。ほかのよろい竜《りゅう》と同《おな》じように尻尾《しっぽ》の先《さき》には骨《ほね》のハンマーがあり、背《せ》中《なか》には骨《ほね》の突起《とっき》がありました。全長《ぜんちょう》5・5mの中型《ちゅうがた》で、あしはアンキロサウルスと

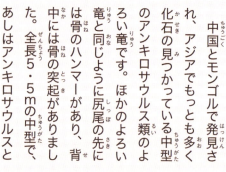

比《くら》べると細《ほそ》め、体《からだ》も軽《かる》く、乾燥《かんそう》した砂漠《さばく》で生活《せいかつ》していたようです。

ユーオプロケファルスとは違《ちが》って、ピナコサウルスは集団《しゅうだん》でくらしていたようです。

モンゴルからは、数十体《すうじゅったい》の骨格《こっかく》が発見《はっけん》されているのですが、あまりの多《おお》さにまだ全部《ぜんぶ》発掘《はっくつ》しきれていません。

化石《かせき》が多《おお》すぎ！数十体《すうじゅったい》もあって発掘《はっくつ》がまにあわず

ピナコサウルス
Pinacosaurus

●種類	鳥盤類・よろい竜類
●生息期間	白亜紀後期
●全長	5.5m
●生息地	モンゴル、中国
●食物	植物食
●名前の由来	厚い板のトカゲ

ハンマー尻尾《しっぽ》がなくてもショルダースパイクがある！

エドモントニア
Edmontonia

●種類	鳥盤類・よろい竜類
●生息期間	白亜紀後期
●全長	7m
●生息地	カナダ、アメリカ
●食物	植物食
●名前の由来	エドモントン層（地層名）産

骨《ほね》を使《つか》って自《みずか》らの鎧《よろい》に!?

エドモントニア

「よろい竜《りゅう》の体《からだ》を覆《おお》う骨《こつ》板《ばん》は、自《みずか》らの骨《ほね》を使《つか》ってつくっていた」という説《せつ》が2013年《ねん》に発表《はっぴょう》されましたが、そうであれば、生命《せいめい》の歴史《れきし》において非常《ひじょう》に画期《かっき》的《てき》なことです。そもそも恐《きょう》竜《りゅう》自体《じたい》が画期的存在《かっきてきそんざい》であるのですが。

このエドモントニアはよ

肩《かた》から飛《と》び出《で》たトゲ、
1本《ぽん》はふたつに
分《わ》かれていた
頭《あたま》と口先《くちさき》は
ほっそり

ろい竜《りゅう》の仲間《なかま》ですが、アンキロサウルスのようなハンマー尻尾《しっぽ》がありません。しかし、そのかわりにショルダースパイク（肩《かた》のトゲ）が敵《てき》に襲《おそ》われたときの防御《ぼうぎょ》になっていたと考《かんが》えられています。この恐竜《きょうりゅう》は頭《あたま》や口先《くちさき》もアンキロサウルスよりほっそりしていて、よろい竜《りゅう》でもノドサウルス（こぶトカゲ）のなかまです。

腰《こし》や尻《しり》は幅広《はばひろ》で、両肩《りょうかた》から2本《ほん》の大《おお》きなトゲが出《で》ており、1本《ぽん》はふたつに分《わ》かれていました。

厚《あつ》い頭《あたま》のトカゲ

パキケファロサウルス

堅頭竜《けんとうりゅう》の代表格《だいひょうかく》、パキケファロサウルス。その盛《も》り上《あ》がったドーム型《がた》の頭《あたま》が特徴《とくちょう》です。頭部《とうぶ》には骨《ほね》がギッシリつまり、ドームの高《たか》さは20㎝以上《いじょう》にもなりました。
生息地域《せいそくちいき》は北《きた》アメリカの湿潤《しつじゅん》な森《もり》や山岳地帯《さんがくちたい》で、ほとんど頭《あたま》の骨《ほね》しか見《み》つかっていません。それは骨格《こっかく》が川《かわ》などで生息地帯《せいそくちたい》から平地《へいち》に流《なが》される間《あいだ》になくなってしまうのですが、頑丈《がんじょう》な頭《あたま》の骨《ほね》は残《のこ》りやすいからです。

それほど硬《かた》い頭《あたま》ですが、なぜそうなったのかははっきりしません。有力《ゆうりょく》な説《せつ》は、仲間《なかま》どうしで頭突《ずつ》きをし

後《うし》ろあしは長《なが》く、
走《はし》りは速《はや》かった
らしい

頭突《ずつ》きのしすぎで巨大化《きょだいか》した!?

て、なわばり争《あらそ》いやメスの取《と》り合《あ》いの勝敗《しょうはい》を決《けっ》していたというものです。ただし、首《くび》の骨《ほね》が見《み》つかって華奢《きゃしゃ》だったために、反対意見《はんたいいけん》もあり、まだまだ議論中《ぎろんちゅう》です。

腹《はら》などへの頭突《ずつ》きで
相手《あいて》へ攻撃《こうげき》も
痛《いた》た！
頭のドームは
20cm以上《いじょう》

パキケファロサウルス
Pachycephalosaurus

●種類	鳥盤類・堅頭竜類
●生息期間	白亜紀後期
●全長	4.5m
●生息地	カナダ、アメリカ
●食物	植物食
●名前の由来	厚い頭のトカゲ

頭《あたま》は平《たい》ら、
盛《も》り上《あ》がりがない
頭《あたま》のトゲの配置《はいち》は
パキケファロサウルスに近《ちか》い
体《からだ》はパキケファロサウルスの半分《はんぶん》ほど

成長《せいちょう》して、頭《あたま》が高《たか》く厚《あつ》くなった!?

ドラコレックス
Dracorex

●種類	鳥盤類・堅頭竜類
●生息期間	白亜紀後期
●全長	2.4m
●生息地	アメリカ
●食物	植物食
●名前の由来	ドラゴン王

パキケファロサウルスの子《こ》ども？ ドラコレックス

ドラコレックスの頭《あたま》は平《たい》らで盛《も》り上《あ》がっていません。頭《あたま》の後《うし》ろにはするどい突起《とっき》がならんでいます。10年《ねん》ほど前《まえ》までは、この恐竜《きょうりゅう》はひとつの種《しゅ》とみられていました。

しかし、2009年《ねん》にアメリカ、モンタナ州立大学《しゅうりつだいがく》のジャック・ホーナーらが、パキケファロサウルスの子《こ》どもではないかと発表《はっぴょう》しました。それは、この両方《りょうほう》の恐竜《きょうりゅう》が同《おな》じ地層《ちそう》で発見《はっけん》され、頭《あたま》のトゲの配置《はいち》が非常《ひじょう》に似《に》ていたからです。

ほかにも、スティギモロクという恐竜《きょうりゅう》も同《おな》じ地層《ちそう》で発《はっ》見《けん》され頭《あたま》のトゲの配置《はいち》が似《に》ていました。ただし、ドラコレックスよりは頭部《とうぶ》が盛《も》り上《あ》がっていますが、パキケファロサウルスよりは低《ひく》くスマートです。スティギモロクはパキケファロサウルスの青年《せいねん》期《き》の姿《すがた》と考《かんが》えられています。

ホマロケファレ

頭頂部《とうちょうぶ》は盛《も》り上《あ》がっていません！

パキケファロサウルスと同《おな》じ堅頭竜類《けんとうりゅうるい》に属《ぞく》しますが、頭《あたま》はドーム型《がた》にはなっておらず、まっ平《たい》ら。アイロンのような頭《あたま》です。名前《なまえ》もギリシャ語《ご》で平坦《へいたん》な（homalos《ホマロ》）頭《あたま》（kephale《ケファレ》）を意味《いみ》します。頭蓋骨《ずがいこつ》の表面《ひょうめん》はかなり厚《あつ》く、頭《あたま》の後《うし》ろは小《ちい》さなこぶ

幅広《はばひろ》い腰《こし》
尾《お》の先《さき》まで固《かた》かった
アイロンのように平《たい》らな頭《あたま》

やトゲでかざられていました。腰《こし》の幅《はば》は広《ひろ》く、固《かた》い尾《お》が先《さき》までのびていました。

全長《ぜんちょう》は1・5から3mほどで、パキケファロサウルスの子《こ》どもといわれるドラコレックスより少々《しょうしょう》大《おお》きいくらいです。パキケファロサウルスの時代《じだい》よりも400万《まん》年《ねん》ほど前《まえ》に活動《かつどう》していました。発見場所《はっけんばしょ》はモンゴルで、完全《かんぜん》な頭骨《とうこつ》と多《おお》くの骨《ほね》が見《み》つかっています。ちなみに、堅頭竜類《けんとうりゅうるい》の起源《きげん》はアジアではないかといわれています。

ホマロケファレ
Homalocephale

●**種類**	鳥盤類・堅頭竜類
●**生息期間**	白亜紀後期
●**全長**	1.5～3m
●**生息地**	モンゴル
●**食物**	植物食
●**名前の由来**	平らな頭

オウムトカゲと呼《よ》ばれて……

プシッタコサウルス

中国《ちゅうごく》の遼寧省《りょうねいしょう》で白亜紀《はくあき》初《しょ》期《き》の哺乳類《ほにゅうるい》、レペノマムスの化石《かせき》が見《み》つかったときのことです。その化石《かせき》の胃《い》の部分《ぶぶん》に、消化途中《しょうかとちゅう》のプシッタコサウルスの子《こ》どもの化《か》石《せき》があったのです。レペノマムスはプシッタコサウルスの子《こ》どもをエサにしていました。

プシッタコサウルスは集《しゅう》

団《だん》で生活《せいかつ》していたといわれています。もしかすると、集団《しゅうだん》になることで仲間《なかま》を敵《てき》から守《まも》っていたのかもしれません。ちなみに、このプシッタコサウルスは鳥盤類《ちょうばんるい》。しかし、鳥盤類《ちょうばんるい》とは名《な》ばかりで鳥《とり》の先祖《せんぞ》ではありません。なのに、顔《かお》がオウムに似《に》ていたので名前《なまえ》はオウムトカゲ。

さらに、この恐竜《きょうりゅう》の尻尾《しっぽ》のつけ根《ね》に生《は》えているのは羽毛《うもう》。毛《け》のような羽根《はね》ですが、いまだに何《なに》に使《つか》われたかは不明《ふめい》です。

子《こ》どもは哺乳類《ほにゅうるい》のエサになっていた恐竜《きょうりゅう》!?

プシッタコサウルス
Psittacosaurus

●**種類**	鳥盤類・原始的な角竜類
●**生息期間**	白亜紀前期
●**全長**	1～2m
●**生息地**	中国、モンゴル、ロシア
●**食物**	植物食
●**名前の由来**	オウムトカゲ

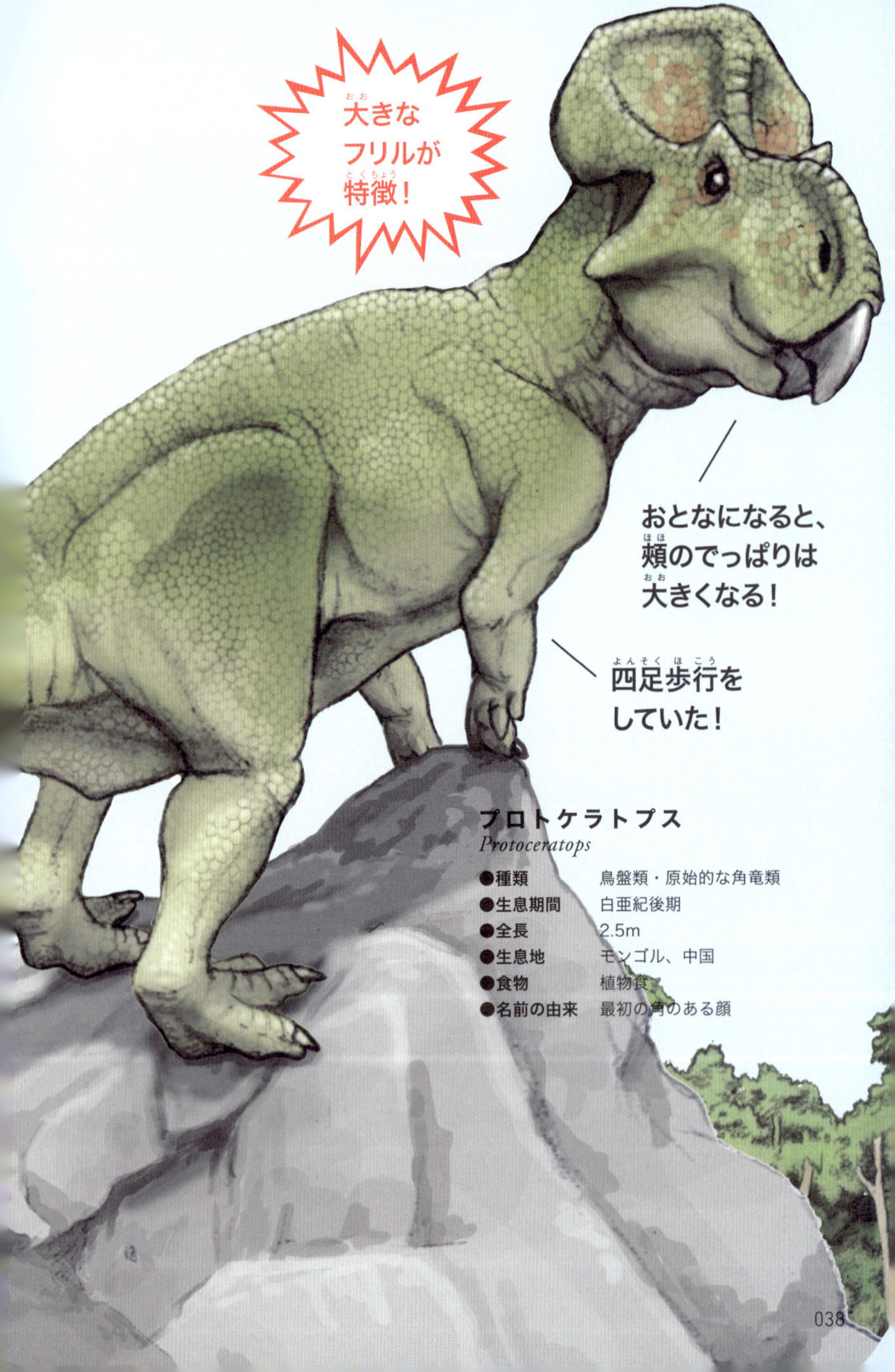

プロトケラトプス

Protoceratops

- ●**種類**　鳥盤類・原始的な角竜類
- ●**生息期間**　白亜紀後期
- ●**全長**　2.5m
- ●**生息地**　モンゴル、中国
- ●**食物**　植物食
- ●**名前の由来**　最初の角のある顔

名前《なまえ》は「角《つの》のある顔《かお》」なのに角《つの》がない！

プロトケラトプス

角竜《つのりゅう》なのに角《つの》なし

名前《なまえ》の意味《いみ》が「最初《さいしょ》の（protos《プロト》）角《つの》（keras《ケラト》）のある顔《かお》（ops《オプス》）」なのに、目《め》の前《まえ》に少《すこ》し膨《ふく》らみがある程度《ていど》で角《つの》はありません。こんな名前《なまえ》がついているのは、トリケラトプスのご先祖様《せんぞさま》にあたる角竜《つのりゅう》だからです。しかし、フリルはありました。原始的《げんしてき》な角竜《つのりゅう》にしては大《おお》きなフリルでした。プロトケラトプスは集団《しゅうだん》でくらしていました。群《む》れで生活《せいかつ》して子育《こそだ》てをしていたようです。ゴビ砂漠《さばく》から、赤《あか》ちゃんからおとなまでの多《おお》くの骨格《こっかく》が発見《はっけん》されています。

その頭骨《とうこつ》を見《み》ると、子《こ》どもからおとなにかけて、フリルと頬《ほほ》のでっぱりが横《よこ》に広《ひろ》がっていくのがわかります。フリルの広《ひろ》がりは防御《ぼうぎょ》だけでなく、メスへのアピールだったのかもしれません。

韓国《かんこく》の華城市《ファソンし》
で発見《はっけん》！
水中《すいちゅう》にもぐって
エサをとって
いたのか！
原始的《げんしてき》な
角竜《つのりゅう》の顔《かお》！

尻尾《しっぽ》が進化《しんか》したのは泳《およ》ぐため!?

コリアケラトプス
Koreaceratops

- **種類**　鳥盤類・原始的な角竜類
- **生息期間**　白亜紀前期
- **全長**　1.8m
- **生息地**　韓国
- **食物**　植物食
- **名前の由来**　韓国の角のある顔

コリアケラトプス

尾《お》ひれのような尻尾《しっぽ》

特徴《とくちょう》は尻尾《しっぽ》の形《かたち》。まるで尾《お》ひれのようになっていました。その尾《お》ひれから、泳《およ》ぐのがうまく、水中生物《すいちゅうせいぶつ》をとって生活《せいかつ》していたのではないかとも考《かんが》えられています。全《ぜん》長《ちょう》は1・8mほどと小型《こがた》で、プシッタコサウルスやプロトケラトプスと同《おな》じ原始的《げんしてき》な角竜《つのりゅう》です。コリアケラトプスがいた時代《じだい》は白亜紀前期《はくあきぜんき》で、いまから1億《おく》600万年《まんねん》前《まえ》。プシッタコサウルスよりも2000万年《まんねん》新《あたら》しい時代《じだい》です。また、プロトケラトプスもコリアケラトプスのように、形《かたち》は違《ちが》いますが、尻尾《しっぽ》がヒレのようになっているのは興味深《きょうみぶか》いことです。

発見《はっけん》された場所《ばしょ》は韓国《かんこく》の華城市《ファソンし》。韓国《かんこく》はもちろん、アジアの東北部《とうほくぶ》で初《はじ》めて見《み》つかった角竜《つのりゅう》です。名前《なまえ》にもコリアとあります。名前《なまえ》の意味《いみ》は「韓国《かんこく》の角《つの》のある顔《かお》」です。

フリル中央《ちゅうおう》の反《そ》り返《かえ》った突起《とっき》

セントロサウルス

角竜《つのりゅう》には、角《つの》やフリルが個性的《こせいてき》で、さまざまな形《かたち》をもった恐竜《きょうりゅう》がいます。セントロサウルスの特徴《とくちょう》は、鼻《はな》の上《うえ》の1本《ぽん》の角《つの》と少々《しょうしょう》小《ちい》さめのフリルについた突起《とっき》です。この突起《とっき》のメインはフリル中央《ちゅうおう》の上《うえ》にある4本《ほん》。2本《ほん》は下向《したむ》きに曲《ま》がり、2本《ほん》は上《うえ》に向《む》いています。ほかに

超《ちょう》派《は》手《で》な フリルの突起《とっき》

もフリルの縁《ふち》にいくつもの突起《とっき》がついていました。ちなみに、目《め》の上《うえ》のこぶはそれほど大《おお》きくありません。

セントロサウルスの体《からだ》はがっしりしており、大群《たいぐん》で行動《こうどう》していました。カナダのアリバータ州《しゅう》では、数百《すうひゃく》体《たい》にのぼる化石《かせき》が発掘《はっくつ》されています。さらに、1万体《まんたい》もの化石《かせき》があるのではないかといわれています。発見《はっけん》された化石《かせき》は群《む》れで川《かわ》を移《い》動《どう》しているとき、流《なが》されたのではないかと推測《すいそく》されています。

セントロサウルス
Centrosaurus

- **種類**　鳥盤類・角竜類
- **生息期間**　白亜紀後期
- **全長**　6m
- **生息地**　カナダ、アメリカ
- **食物**　植物食
- **名前の由来**　とがった角のあるトカゲ

悪魔《あくま》と名《な》づけられてしまった、進化《しんか》しすぎの2本《ほん》の角《つの》

ディアブロケラトプス
Diabloceratops

- ●種類　鳥盤類・角竜類
- ●生息期間　白亜紀後期
- ●全長　5.5m
- ●生息地　アメリカ
- ●食物　植物食
- ●名前の由来　悪魔の角のある顔

フリルの上《うえ》に飛《と》び出《で》た角《つの》

ディアブロケラトプス

長《なが》く外《そと》に反《そ》った2本《ほん》の角《つの》が悪魔《あくま》に見《み》えたのでしょうか。ほかにつける名前《なまえ》がなかったのでしょうか。フリルの上《うえ》にある2本《ほん》の角《つの》は、悪《あく》魔《ま》（Diablo《ディアブロ》）の角《つの》と名《な》づけられてしまいました。

それに、ディアブロケラトプスはセントロサウルスのなかまですが、そのなかまでは珍《めずら》しく目《め》の上《うえ》に長《なが》い角《つの》と、丸《まる》みを帯《お》びた鼻《はな》がありました。

発見場所《はっけんばしょ》はアメリカ合衆《がっしゅう》国《こく》ユタ州《しゅう》。ユタ州南部《しゅうなんぶ》にあるワーウィーブ累層《るいそう》から発《はっ》掘《くつ》されています。この累層《るいそう》ではほかにもフリルの角《つの》と目《め》の上《うえ》の角《つの》が特徴的《とくちょうてき》なマカイロケラトプスが発掘《はっくつ》されていますが、マカイロケラトプスはフリルの角《つの》が前《まえ》に向《む》かって反《そ》っていたので悪魔《あくま》とはつけられませんでした。単《たん》に曲《ま》がった（machairis《マカイロ》）だけでした。

フリルの上《うえ》と目《め》の上《うえ》の長《なが》い角《つの》が特徴《とくちょう》

まるで缶《かん》切《き》りのように進《しん》化《か》した曲《ま》がった角《つの》

エイニオサウルス

曲《ま》がった角《つの》が超《ちょう》個《こ》性《せい》的《てき》

セントロサウルスのなかまの角竜《つのりゅう》です。この恐竜《きょうりゅう》の特徴《とくちょう》は、鼻《はな》の上《うえ》の曲《ま》がった角《つの》とフリルから生《は》えた2本《ほん》の角《つの》。角竜《つのりゅう》はとても個性的《こせいてき》な角《つの》やフリルをもっていますが、この鼻《はな》の上《うえ》の曲《ま》がった角《つの》は超個性的《ちょうこせいてき》です。角竜《つのりゅう》には大人気《だいにんき》のトリケラトプスがいますが、このセ

目《め》の上《うえ》の
こぶは小《ちい》さい
フリルから
生《は》えた
2本《ほん》の角《つの》
フリルの角《つの》
も特徴的《とくちょうてき》

エイニオサウルス
Einiosaurus

●種類	鳥盤類・角竜類
●生息期間	白亜紀後期
●全長	6m
●生息地	アメリカ
●食物	植物食
●名前の由来	野牛トカゲ

ントロサウルスのなかまとの大《おお》きな違《ちが》いは目《め》の上《うえ》の角《つの》。セントロサウルスのなかまには、目《め》の上《うえ》の角《つの》がないか、あってもこぶ程度《ていど》の小《ちい》さいものが多《おお》かったのです。

そのかわりフリルの装飾《そうしょく》は見事《みごと》。フリル自体《じたい》はそれほど大《おお》きくはありませんが、角《つの》あり、こぶあり、突《とっ》起《き》あり、さらに曲《ま》がっていたり、天《てん》にのびていたりと、バリエーションはさまざま。恐竜展《きょうりゅうてん》などで見比《みくら》べてみるのも楽《たの》しいでしょう。

鼻《はな》の上《うえ》に角《つの》はないけどこぶがある

パキリノサウルス

ほかのセントロサウルスのなかまのように鼻《はな》の上《うえ》に角《つの》はありません。しかし、鼻《はな》の上《うえ》からまぶたの中央《ちゅうおう》にかけて、ゴツゴツしたこぶがありました。大型《おおがた》の角竜《つのりゅう》のほとんどは角《つの》をもっていますが、なぜ、パキリノサウルスだけがこぶなのか、不明《ふめい》です。

フリルの中央《ちゅうおう》と後《うし》ろには小《ちい》さな角《つの》が出《で》ています。これはメスへのアピールか仲《なか》間《ま》を見分《みわ》けるときの目印《めじるし》に使《つか》われたと考《かんが》えられています。

角竜《つのりゅう》の発祥地《はっしょうち》はアジアです。アジアからベーリング海峡《かいきょう》を通《とお》って北《きた》アメリカへ進出《しんしゅつ》してきたようです。そして北《きた》アメリカで巨大化《きょだいか》しました。このパキリノサウルスの全長《ぜんちょう》は7mほど、ほかのセントロサウルスのなかまと比《くら》べても大《おお》きいほうです。生息《せいそく》地《ち》はアメリカ・カナダでした。

フリルのかざりはメスへのアピール

パキリノサウルス
Pachyrhinosaurus

- ●種類　鳥盤類・角竜類
- ●生息期間　白亜紀後期
- ●全長　7ｍ
- ●生息地　カナダ、アメリカ
- ●食物　植物食
- ●名前の由来　ぶ厚い鼻をもつトカゲ

全長《ぜんちょう》7mの大型《おおがた》のセントロサウルスのなかま

目立《めだ》ちすぎの6本《ぼん》の長《なが》い角《つの》

スティラコサウルス

過剰《かじょう》なフリルのかざり

スティラコサウルス
Styracosaurus

- ●**種類**　鳥盤類・角竜類
- ●**生息期間**　白亜紀後期
- ●**全長**　5.5m
- ●**生息地**　カナダ、アメリカ
- ●**食物**　植物食
- ●**名前の由来**　トゲトカゲ

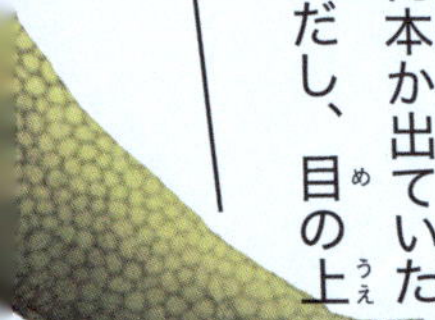

ここまでやるかといいたくなるほど、フリルの周《まわ》りには6本《ぼん》もの長《なが》い角《つの》がありました。鼻《はな》の上《うえ》にも長《なが》い角《つの》があり、名前《なまえ》の意味《いみ》も「槍《やり》の装飾突起《そうしょくとっき》（styrax《スティラコ》）のあるトカゲ（sauros《サウルス》）」です。フリルには角《つの》のほかにも、トゲが何本《なんぼん》か出《で》ていたようです。ただし、目《め》の上《うえ》には角《つの》がありませんでした。長《なが》い角《つの》の長《なが》さは50から60㎝ほど。全長《ぜんちょう》は5・5mでしたから、角《つの》は体《からだ》に比《くら》べるとかなりの大《おお》きさでした。そのためフリル全体《ぜんたい》の重《おも》さを落《お》とすためか、フリルには開口部《かいこうぶ》か凹《くぼ》みがあったようです。

スティラコサウルスの身《しん》体的特徴《たいてきとくちょう》はほかに、尾《お》があまり長《なが》くなかったことと、強靭《きょうじん》な肩《かた》をもっていたことです。現在《げんざい》のサイを髣髴《ほうふつ》させる恐竜《きょうりゅう》だったようです。

角《つの》の長《なが》さは全長《ぜんちょう》の10分《ぶん》の1
がっちりした肩《かた》

2大人気恐竜《だいにんききょうりゅう》

トリケラトプス

白亜紀《はくあき》の最後《さいご》まで生《い》きていた最大級《さいだいきゅう》の角竜類《つのりゅうるい》がトリケラトプスです。ティラノサウルスとならぶ大人気《だいにんき》の恐《きょう》竜《りゅう》で、生存《せいぞん》していた時期《じき》もティラノサウルスと同《おな》じです。彼《かれ》らは集団《しゅうだん》で生活《せいかつ》し、ティラノサウルスからの攻《こう》撃《げき》もみんなで反撃《はんげき》していたようです。

頑丈《がんじょう》なフリルと目《め》の上《うえ》から出《で》ている角《つの》を盾《たて》にして、肉食恐竜《にくしょくきょうりゅう》の攻撃《こうげき》から身《み》を守《まも》っていました。フリルを盾《たて》にすれば、大切《たいせつ》な首《くび》を守《まも》ることができました。体《からだ》も角竜《つのりゅう》のなかでは最大《さいだい》で8から9mにもなりました。

トリケラトプス
Triceratops

●種類	鳥盤類・角竜類
●生息期間	白亜紀後期
●全長	8～9m
●生息地	カナダ、アメリカ
●食物	植物食
●名前の由来	3本の角のある顔

ティラノサウルスもビビッた角《つの》

防御力《ぼうぎょりょく》がすばらしい頑丈《がんじょう》なフリルと3本《ぼん》の角《つの》

巨大《きょだい》で見事《みごと》なフリル

カスモサウルス

カスモサウルスの巨大《きょだい》なフリルの骨《ほね》は、ちょうどワッカがふたつ横《よこ》にならんだようになっていました。骨《ほね》の真《ま》ん中《なか》が空洞《くうどう》でしたが、そこは皮膚《ひふ》で覆《おお》われていたと考《かんが》えられています。イラストのようにフリルの凹《くぼ》んでいる部分《ぶぶん》が骨《ほね》のないところです。名前《なまえ》のカスモ

フリルは骨《ほね》のないハリボテだった！

群《む》れをつくって生活《せいかつ》していた

カスモサウルス
Chasmosaurus

●種類	鳥盤類・角竜類
●生息期間	白亜紀後期
●全長	6m
●生息地	カナダ、アメリカ
●食物	植物食
●名前の由来	穴のあいているトカゲ

(chasma《カスモ》)は大《おお》きな穴《あな》をあらわします。

フリルが大《おお》きい角竜《つのりゅう》には同《おな》じような構造《こうぞう》の恐竜《きょうりゅう》も多《おお》くいました。ハリボテ的《てき》なフリルだったわけです。ただし、このハリボテ的《てき》フリルも、上下《じょうげ》に振《ふ》れば、正面《しょうめん》から来《く》る敵《てき》は驚《おどろ》いたようです。巨大《きょだい》なフリルは、威嚇《いかく》効果抜群《こうかばつぐん》だったのでしょう。

なお、トリケラトプスのなかまは、目《め》の上《うえ》の2本《ほん》の角《つの》が大《おお》きくて特徴的《とくちょうてき》ですが、カスモサウルスはあまり大《おお》きくありませんでした。

トリケラトプス
のなかま

イグアナの歯《は》に似《に》ているから

イグアノドン

前《まえ》あしが特徴的《とくちょうてき》です。親《おや》指《ゆび》がするどくとがったトゲのような形《かたち》をしており、発見《はっけん》当初《とうしょ》は角《つの》と間違《まちが》われていました。小指《こゆび》は曲《ま》げることができ、植物《しょくぶつ》をつかむのに便利《べんり》だったようです。後《うし》ろあしにはひづめがあり、四足歩《よんそくほ》行《こう》も二足歩行《にそくほこう》もできた恐竜《きょうりゅう》

広《ひろ》いくちばしで歯《は》はイグアナのようだった
前《まえ》あしの親指《おやゆび》はトゲのようで、小指《こゆび》は曲《ま》げることができた

です。通常《つうじょう》は四足歩行《よんそくほこう》でした。

イグアノドンは世界《せかい》で2番目《ばんめ》に発表《はっぴょう》された恐竜《きょうりゅう》ですが、発見《はっけん》は1番《ばん》。最初《さいしょ》に歯《は》が発見《はっけん》され、イグアナの歯《は》に似《に》ていたため、巨大《きょだい》は虫《ちゅう》類《るい》の歯《は》と思《おも》われて発表《はっぴょう》が遅《おく》れてしまったのです。イグアナは植物《しょくぶつ》を食《た》べるは虫類《ちゅうるい》です。そのため、歯《は》が似《に》ているイグアノドンも植物《しょくぶつ》を食《た》べていると考《かんが》えられました。

イグアノドンは広《ひろ》いくちばしで、口《くち》いっぱいに植物《しょくぶつ》をくわえ、歯《は》ですりつぶして食《た》べていたようです。

イグアノドン

Iguanodon

●**種類**	鳥盤類・鳥脚類
●**生息期間**	白亜紀前期
●**全長**	10m
●**生息地**	イギリス、ベルギー、アメリカ、フランス、ドイツ、スペイン、ポルトガル、モンゴル
●**食物**	植物食
●**名前の由来**	イグアナの歯

最初《さいしょ》に発見《はっけん》されたのに、発表《はっぴょう》は2番目《ばんめ》のざんねんな恐竜《きょうりゅう》！

見《み》た目《め》はイグアノドンにそっくり

ムッタブラサウルス

見《み》た目《め》はイグアノドンにそっくりです。もちろんイグアノドンのなかまですが、最近《さいきん》の研究《けんきゅう》ではそれほど近《ちか》い種《しゅ》でないことがわかっています。発見《はっけん》された場所《ばしょ》はオーストラリアのムッタブラ。オーストラリア独自《どくじ》の鳥脚《ちょうきゃく》類《るい》と考《かんが》えられています。イグアノドンとの大《おお》きな違《ちが》いは歯《は》の形《かたち》と鼻《はな》の上《うえ》のこぶ。

ムッタブラサウルスの歯《は》は、あごにびっしりとつまっており、それで植物《しょくぶつ》を切《き》り刻《きざ》んで食《た》べていました。イグアノドンは上《うわ》あごを左右《さゆう》にすべらせ奥《おく》の歯《は》で植物《しょくぶつ》をすりつぶして食《た》べていましたか

オーストラリア独自《どくじ》の鳥脚類《ちょうきゃくるい》

ムッタブラサウルス
Muttaburrasaurus

●種類	鳥盤類・鳥脚類
●生息期間	白亜紀前期
●全長	7m
●生息地	オーストラリア
●食物	植物食
●名前の由来	ムッタブラ（オーストラリアの地名）のトカゲ

ら、この点《てん》は大《おお》きく違《ちが》います。また、ムッタブラサウルスは鼻《はな》の上《うえ》に大《おお》きな骨《ほね》のこぶがありました。それは、仲間《なかま》どうしを見分《みわ》けるのに役立《やくだ》っていたと考《かんが》えられています。

植物《しょくぶつ》を切《き》り刻《きざ》む方向《ほうこう》に進化《しんか》した歯《は》！

帆《ほ》のような背中《せなか》の突起《とっき》

オウラノサウルス

アフリカのニジェール、サハラ砂漠《さばく》で発見《はっけん》されたオウラノサウルス。この恐竜《きょうりゅう》がいた時代《じだい》は白亜紀前期《はくあきぜんき》ですが、白亜紀《はくあき》は地球《ちきゅう》が比較《ひかく》的暑《てきあつ》かった時代《じだい》です。ほかにも、背中《せなか》に帆《ほ》をもっている恐竜《きょうりゅう》にスピノサウルスやレバッキサウルスがいますが、この恐竜《きょうりゅう》がいた時代《じだい》も

帆《ほ》は温度調節器《おんどちょうせつき》として進化《しんか》!?

オウラノサウルス
Ouranosaurus

- **種類** 鳥盤類・鳥脚類
- **生息期間** 白亜紀前期
- **全長** 7m
- **生息地** ニジェール
- **食物** 植物食
- **名前の由来** 勇敢なトカゲ

白亜紀《はくあき》です。

オウラノサウルスは、背《せ》骨《ほね》の上《うえ》に長《なが》くのびた突起《とっき》があり、その背《せ》の帆《ほ》を使《つか》って熱《ねつ》を逃《に》がしていたといわれています。ラジエーターみたいな機能《きのう》を備《そな》えていたのでしょう。

この恐竜《きょうりゅう》は、イグアノドンのなかまです。親指《おやゆび》がトゲのようで、イグアノドンの特徴《とくちょう》をもっていました。口《くち》先《さき》は平《ひら》たく広《ひろ》がっていてアヒルのようで、植物《しょくぶつ》を食《た》べていました。頭《あたま》も比較的長《ひかくてきなが》かったようです。

アヒルのような口《くち》と
比較的長《ひかくてきなが》い頭《あたま》
飛《と》び出《で》た
背《せ》びれ
涼《すず》しい〜〜！
普段《ふだん》は
4本足《ほんあし》で歩行《ほこう》

高《たか》く盛《も》り上《あ》がった鼻面《はなづら》

アルティリヌス

当初《とうしょ》はイグアノドンと思《おも》われていた鳥脚類《ちょうきゃくるい》です。しかし、とがった口先《くちさき》、大《おお》きな鼻《はな》の穴《あな》、とくに名前《なまえ》(Altirhinus《アルティリヌス》)になっている高《たか》く盛《も》り上《あ》がった鼻面《はなづら》が特《とく》徴的《ちょうてき》で、イグアノドンとは違《ちが》います。

なぜ、このような鼻《はな》になったのでしょうか。いろいろ

アルティリヌス
Altirhinus

●種類	鳥盤類・鳥脚類
●生息期間	白亜紀前期
●全長	8m
●生息地	モンゴル
●食物	植物食
●名前の由来	高い鼻

鼻《はな》で、音《おと》を鳴《な》らしてコミュニケーション!?

な説《せつ》があります。その見《み》た目《め》でアピールしたり、さらには音《おと》を鳴《な》らしてコミュニケーションをしていた可能《かのう》性《せい》があります。

全長《ぜんちょう》は8mで、イグアノドン同様《どうよう》、トゲのような前《まえ》あしの親指《おやゆび》をもち、主《おも》に二《に》足歩行《そくほこう》で、食事《しょくじ》をするときは四足《しそく》だったようです。

鼻《はな》の盛《も》り上《あ》がりでアピール
食事《しょくじ》のときは四足《しそく》、主《おも》に二足歩行《にそくほこう》
とがった口先《くちさき》

世代《せだい》の異《こと》なる骨《ほね》が発見《はっけん》
肉食恐竜《にくしょくきょうりゅう》の
歯《は》のあとが!?
より原始的《げんしてき》か！
上《うわ》あごが横《よこ》には
動《うご》かない

日本《にほん》初《はつ》の学名《がくめい》がついた植物食恐竜《しょくぶつしょくきょうりゅう》
フクイサウルス

フクイサウルス
Fukuisaurus

●**種類**	鳥盤類・鳥脚類
●**生息期間**	白亜紀前期
●**全長**	4.7m
●**生息地**	日本
●**食物**	植物食
●**名前の由来**	福井（日本の地名）のトカゲ

日本《にほん》で初《はじ》めて学名《がくめい》のついた植物食恐竜《しょくぶつしょくきょうりゅう》です。鳥脚類《ちょうきゃくるい》のイグアノドンのなかまですが、イグアノドンの生息《せいそく》していた時代《じだい》より、フクイサウルスの生息時代《せいそくじだい》のほうが古《ふる》いのです。そのためフクイサウルスのほうがより原始的《げんしてき》な鳥脚類《ちょうきゃくるい》といえます。福井《ふくい》県《けん》の勝山市《かつやまし》で発見《はっけん》されたの

その名《な》も福井《ふくい》のトカゲ 愛称《あいしょう》はフクイリュウ！

で、その名《な》も福井《ふくい》（Fukui《フクイ》）のトカゲ（sauros《サウルス》）でフクイサウルスといいます。愛《あい》称《しょう》はフクイリュウで、フクイサウルスの学名《がくめい》がつくまでは、この名《な》で呼《よ》ばれていました。

勝山市《かつやまし》からは、頭骨《とうこつ》、歯《は》、背骨《せぼね》、尾《お》などの化石《かせき》が発見《はっけん》されています。その中《なか》には肉食恐竜《にくしょくきょうりゅう》の歯《は》のあとがあるフクイサウルスと思《おも》われる化石《かせき》もあり、肉食恐竜《にくしょくきょうりゅう》に襲《おそ》われたのかもしれません。また、あしあとの化石《かせき》も多《おお》く見《み》つかっています。

頭《あたま》のトサカも特徴的《とくちょうてき》
サウロロフス

鳥脚類《ちょうきゃくるい》のハドロサウルスのなかまです。ハドロサウルスはカモノハシ恐竜《きょうりゅう》とも呼《よ》ばれ、口《くち》の形《かたち》がカモに似《に》ていて、デンタルバッテリーという歯《は》をもっていました。デンタルバッテリーは、おろし金《がね》のような微細《びさい》な歯《は》がいくつもあり、歯《は》がだめになると次《つぎ》の歯《は》がそれに変《か》わ

サウロロフス
Saurolophus

●種類	鳥盤類・鳥脚類
●生息期間	白亜紀後期
●全長	9～12m
●生息地	カナダ、モンゴル
●食物	植物食
●名前の由来	トサカのあるトカゲ

って、常《つね》に植物《しょくぶつ》を噛《か》み砕《くだ》くことができました。大量《たいりょう》の植物《しょくぶつ》を食《た》べる口《くち》をもっていたわけです。

サウロロフスは、そのハドロサウルスのなかまのなかでも、頭頂部《とうちょうぶ》の後《うし》ろにのびたトサカが特徴的《とくちょうてき》です。通常《つうじょう》、このようなトサカは中身《なかみ》が空洞《くうどう》ですが、このサウロロフスのトサカは中身《なかみ》がぎっしり詰《つ》まっていました。このトサカで仲間《なかま》と性《せい》別《べつ》を認識《にんしき》していたと考《かんが》えられています。

大量《たいりょう》の植物《しょくぶつ》を食《た》べるために進化《しんか》！カモのような口《くち》

太《ふと》くがっしりした尻尾《しっぽ》とあしで二足歩行《にそくほこう》!?

ティラノサウルスの標的《ひょうてき》にも

エドモントサウルス

白亜紀後期《はくあきこうき》に北《きた》アメリカで繁栄《はんえい》していたハドロサウルスのなかまです。全長《ぜんちょう》は13m。ティラノサウルスの獲《え》物《もの》にもなっていたようです。ティラノサウルスに襲《おそ》われたとみられる化石《かせき》も発見《はっけん》されています。

口先《くちさき》が幅広《はばひろ》く、上下《じょうげ》のあごの奥《おく》にはびっしりと小《ちい》

皮膚《ひふ》はうろこに覆《おお》われていた！

植物《しょくぶつ》をすりつぶす小《ちい》さな歯《は》が2000本《ぼん》も！

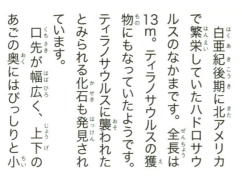

さな歯《は》がならんでいました。この小《ちい》さな歯《は》をやすりのように使《つか》って植物《しょくぶつ》をすりつぶして食《た》べていました。その歯《は》の数《かず》は予備《よび》もいれて2000本《ぼん》もあったのです。主《おも》な食《た》べ物《もの》は針葉樹《しんようじゅ》だったようです。お腹《なか》の化石《かせき》から針葉樹《しんようじゅ》の葉《は》や種子《しゅし》、小枝《こえだ》が見《み》つかっています。

　エドモントサウルスの皮《ひ》膚《ふ》のようすがわかる化石《かせき》が発見《はっけん》されています。それによって頭《あたま》にはトサカがあり、皮膚《ひふ》はうろこに覆《おお》われていたことがわかりました。

エドモントサウルス
Edmontosaurus

●種類　鳥盤類・鳥脚類
●生息期間　白亜紀後期
●全長　13m
●生息地　カナダ
●食物　植物食
●名前の由来　エドモントン（カナダの地名）のトカゲ

世界的《せかいてき》にも珍《めずら》しい、皮膚《ひふ》の化石発見《かせきはっけん》！
頭《あたま》にはトサカも！

子育《こそだ》て恐竜《きょうりゅう》！
マイアサウラ

マイアサウラの意味《いみ》は「よいお母《かあ》さん（maia《マイア》）トカゲ（saura《サウラ》）」です。鳥脚類《ちょうきゃくるい》のハドロサウルスのなかまですが、子育《こそだ》てをする恐竜《きょうりゅう》として知《し》られています。

マイアサウラは、群《む》れで巣《す》をつくり、子育《こそだ》てをしていました。巣《す》は、やわらかい土《つち》や砂《すな》を盛《も》り上《あ》げたとこ

マイアサウラ
Maiasaura

●**種類**	鳥盤類・鳥脚類
●**生息期間**	白亜紀後期
●**全長**	9m
●**生息地**	アメリカ
●**食物**	植物食
●**名前の由来**	よいお母さんトカゲ

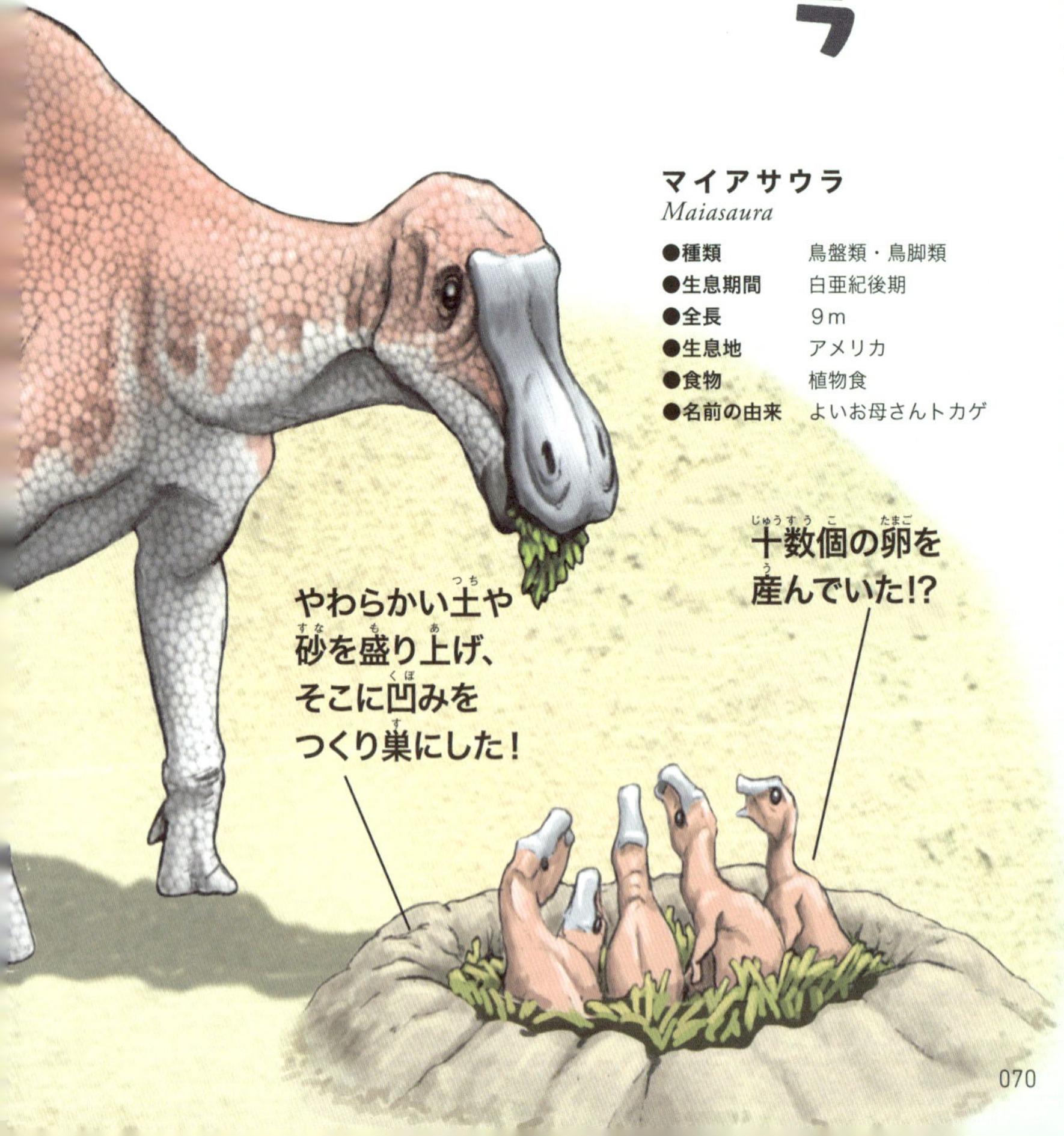

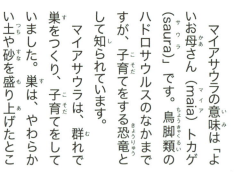

ろに凹《くぼ》みをつくり、十数個《じゅうすうこ》の卵《たまご》を産《う》みました。そして卵《たまご》の上《うえ》に植物《しょくぶつ》をかけて、温《あたた》めていたようです。巣《す》と巣《す》の間《あいだ》は親《おや》の体長《たいちょう》と同《おな》じくらい離《はな》れていました。

卵《たまご》から赤《あか》ちゃんがうまれると、親《おや》は噛《か》み砕《くだ》いた植物《しょくぶつ》を吐《は》き出《だ》してエサとしていたようです。子《こ》どもたちは巣《す》の周《まわ》りで8ヶ月《げつ》から9ヶ月《げつ》くらしていました。ただし、巣《す》の周《まわ》りにいた子《こ》どもたちはふ化《か》する前《まえ》の赤《あか》ちゃんだったという説《せつ》もあります。

噛《か》み砕《くだ》いたエサを
子《こ》どもたちに
与《あた》えていた!?

よいお母《かあ》さんのトカゲとよばれた恐竜《きょうりゅう》

半円形《はんえんけい》のトサカが特徴《とくちょう》！

コリトサウルス

ヘルメットのような半円《はんえん》形《けい》のトサカが特徴《とくちょう》のコリトサウルス。学名《がくめい》もヘルメットをかぶったトカゲ(korytho《コリト》)(sauros《サウルス》)です。ただし、コリトとは、古代《こだい》ギリシャでコリントという都市《とし》の兵《へい》士《し》がかぶっていたヘルメットに似《に》ていたところからつけられました。

ヘルメットのように進化《しんか》したトサカ！

コリトサウルス
Corythosaurus

●種類	鳥盤類・鳥脚類
●生息期間	白亜紀後期
●全長	10m
●生息地	カナダ、アメリカ
●食物	植物食
●名前の由来	ヘルメットトカゲ

この恐竜《きょうりゅう》は鳥脚類《ちょうきゃくるい》でランベオサウルスのなかまです。ランベオサウルスはハドロサウルスのなかまのなかでも、なかが空洞《くうどう》になったトサカがあるのが特徴《とくちょう》です。オスよりメスのほうが、トサカは小《ちい》さかったと考《かんが》えられています。

トサカは子《こ》どもからおとなになるにつれて発達《はったつ》しました。コリトサウルスも同《おな》じです。トサカの中《なか》の空洞《くうどう》ですが、その空洞《くうどう》は鼻《はな》の穴《あな》へとつながっていました。

鼻《はな》の穴《あな》と
つながっていた
トサカ!?
鼻《はな》の骨《ほね》が進化《しんか》
してトサカに！

さまざまに進化《しんか》する頭《あたま》のトサカ

ランベオサウルス

斧《おの》のような形《かたち》で、頭《あたま》の後《うし》ろに1本《ぽん》の骨《ほね》が飛《と》び出《だ》したトサカをもっていました。この恐竜《きょうりゅう》のなかまは、さまざまな形《かたち》にトサカを進化《しんか》させています。トサカは仲間《なかま》どうしを見分《みわ》けるのに役《やく》に立《た》っていたと考《かんが》えられています。

ランベオサウルスは、トサカのほかに、背中《せなか》が大《おお》き

肉食恐竜《にくしょくきょうりゅう》からは逃《に》げるが勝《か》ち!?

ランベオサウルス
Lambeosaurus

●種類	鳥盤類・鳥脚類
●生息期間	白亜紀後期
●全長	15m
●生息地	カナダ、アメリカ、メキシコ
●食物	植物食
●名前の由来	ランベ（人名）のトカゲ

く盛《も》り上《あ》がっているのが特《とく》徴《ちょう》です。ただし、鳥脚類《ちょうきゃくるい》は鳥盤類《ちょうばんるい》のほかの恐竜《きょうりゅう》のように、骨《ほね》の鎧《よろい》や角《つの》などがありませんでした。そのため、肉食恐竜《にくしょくきょうりゅう》から身《み》を守《まも》るには走《はし》って逃《に》げるしかなかったようで、あしはそれなりに速《はや》かったと考《かんが》えられています。

なお、このランベオサウルスの名《な》は、カナダのローレンス・モリス・ランベにちなんでつけられました。彼《かれ》はカナダでもっとも偉大《いだい》な古生物学者《こせいぶつがくしゃ》のひとりです。

斧《おの》のようなトサカ！
盛《も》り上《あ》がっていた背中《せなか》!?
あしは速《はや》かった!?

トサカに声《こえ》を響《ひび》かせて会話《かいわ》ができた⁉

パラサウロロフス
Parasaurolophus

- **種類**　鳥盤類・鳥脚類
- **生息期間**　白亜紀後期
- **全長**　11m
- **生息地**　カナダ、アメリカ
- **食物**　植物食
- **名前の由来**　サウロロフスに似たトカゲ

パラサウロロフス

トサカでコミュニケーション⁉

後《うし》ろに大《おお》きくのびたトサカが特徴《とくちょう》のパラサウロロフス。彼《かれ》らは、このトサカを使《つか》って会話《かいわ》をしていたと考《かんが》えられています。トサカは、鼻《はな》の骨《ほね》が発達《はったつ》してできたものです。

トサカの中《なか》は空洞《くうどう》になっており、鼻《はな》から息《いき》をするとトサカの中《なか》まで入《はい》っていきま

1m以上《いじょう》に
およぶトサカ
低周波《ていしゅうは》の音《おと》に
優《すぐ》れた耳《みみ》
前《まえ》あしは短《みじか》くてたくましく、
肩《かた》の骨《ほね》は太《ふと》くてがっしり

す。CT《シーティー》スキャンでこのトサカと脳《のう》の内部《ないぶ》を見《み》ると、パラサウロロフスは、嗅覚《きゅうかく》はあまり優《すぐ》れていませんでしたが、耳《みみ》はよかったことがわかりました。とくに低周波《ていしゅうは》の音《おと》に優《すぐ》れていたようです。

そのため、パラサウロロフスは、低周波《ていしゅうは》の鳴《な》き声《ごえ》をトサカで響《ひび》かせて発《はっ》し、仲間《なかま》どうしで会話《かいわ》をしていたのではないかと考《かんが》えられています。また、ほかのランベオサウルスのなかまも同《おな》じようではなかったかと考《かんが》えられています。

日本領土《にほんりょうど》だったときに発見《はっけん》！

だからニッポノだったのに……

子《こ》どもでも4m。おとなだったら……

ヨーロッパのハドロサウルス系《けい》が源流《げんりゅう》!?

旧樺太《きゅうからふと》（現《げん》サハリン）で発見《はっけん》！

ニッポノサウルス

ニッポノサウルスは、戦前《せんぜん》の1934（昭和《しょうわ》9）年《ねん》、当時《とうじ》、日本《にほん》の領土《りょうど》だった樺太《からふと》（現《げん》サハリン）で発見《はっけん》されました。学名《がくめい》は日本《にほん》で発見《はっけん》されたから日《に》本《ほん》（Nippon《ニッポン》）のトカゲ（sauros《サウルス》）。唯一《ゆいいつ》日本《にほん》の名《な》前《まえ》がついた恐竜《きょうりゅう》です。残念《ざんねん》なことに発掘地《はっくつち》の

戦前《せんぜん》の
1934年《ねん》
発見《はっけん》！

ニッポノサウルス

Nipponosaurus

- ●種類　鳥盤類・鳥脚類
- ●生息期間　白亜紀後期
- ●全長　4m
- ●生息地　ロシア
- ●食物　植物食
- ●名前の由来　日本のトカゲ

樺太《からふと》はソ連《れん》（現《げん》ロシア）の領土《りょうど》になってしまいましたが、発掘《はっくつ》された標本《ひょうほん》は、北《ほっ》海道大学《かいどうだいがく》に保管《ほかん》されています。サハリンには複製《ふくせい》が展《てん》示《じ》されています。

発見《はっけん》された当時《とうじ》は、おとなの恐竜《きょうりゅう》と思《おも》われていましたが、その後《ご》の調査《ちょうさ》で2、3歳程度《さいていど》の子《こ》どもの化石《かせき》で、そのためトサカが小《ちい》さいということがわかりました。この恐竜《きょうりゅう》の祖先《そせん》はヨーロッパからやってきたと考《かんが》えられています。

斧《おの》のようなトサカ！

オロロティタン

ランベオサウルスの15ｍにはかないませんが、オロロティタンも全長《ぜんちょう》が12ｍありました。大型《おおがた》のランベオサウルスのなかまです。学《がく》名《めい》も巨大《きょだい》（Titan《ティタン》）な白鳥《はくちょう》（olor《オロロ》）をあらわしています。一番《いちばん》の特徴《とくちょう》はトサカの形《かたち》が、扇状《せんじょう》に後《うし》ろに広《ひろ》がり、ラッパのようになっているこ

首《くび》の骨《ほね》も
18個《こ》と
多《おお》かった
全長《ぜんちょう》は
12m

斧《おの》のような ラッパのような トサカに進化《しんか》した 恐竜《きょうりゅう》

とです。このトサカの空洞《くうどう》は、ほかのランベオサウルスのなかまと同《おな》じく、鼻《はな》とつながっていました。

また、首《くび》の骨《ほね》が18個《こ》で、通常《つうじょう》のランベオサウルスのなかまの鳥脚類《ちょうきゃくるい》より3個《こ》多《おお》く、比較的首《ひかくてきくび》が長《なが》かったようです。ほかの部分《ぶぶん》はハドロサウルスやランベオサウルスのなかまと同《おな》じく、あごは咀嚼《そしゃく》しやすい形《かたち》で、歯《は》もデンタルバッテリーで、大量《たいりょう》の植物《しょくぶつ》が食《た》べられるようになっていました。

オロロティタン
Olorotitan

●**種類**	鳥盤類・鳥脚類
●**生息期間**	白亜紀後期
●**全長**	12m
●**生息地**	ロシア
●**食物**	植物食
●**名前の由来**	巨大な白鳥

and more...

データの内容

●種類《しゅるい》　竜盤類《りゅうばんるい》／竜脚形類《りゅうきゃくけいるい》、竜脚類《りゅうきゃくるい》、獣脚類《じゅうきゃくるい》、原始的《げんしてき》な鳥類《ちょうるい》？

●生息期間《せいそくきかん》　三畳紀《さんじょうき》、ジュラ紀《き》、白亜紀《はくあき》などの前期《ぜんき》、中期《ちゅうき》、後期《こうき》

●全長《ぜんちょう》　単位《たんい》はm

●生息地《せいそくち》　いろいろ

●食物《しょくぶつ》　植物食《しょくぶつしょく》か肉食《にくしょく》

●名前《なまえ》の由来《ゆらい》　いろいろ

第《だい》2章《しょう》

竜《りゅう》盤《ばん》類《るい》

史上最強《しじょうさいきょう》で最恐《さいきょう》だったティラノサウルス、全長《ぜんちょう》30mもあったスーパーサウルス、空《そら》を飛《と》んだ恐竜《きょうりゅう》、ミクロラプトルなどなど―― 骨《こつ》盤《ばん》がトカゲのようだったので、竜盤類《りゅうばんるい》と名前《なまえ》のついた恐竜《きょうりゅう》たちを紹《しょう》介《かい》。肉食恐竜《にくしょくきょうりゅう》から四足《よつあし》で最大《さいだい》の恐竜《きょうりゅう》になったなかままで42種《しゅ》と、鳥《とり》の先祖《せんぞ》といわれる2種《しゅ》、計《けい》44種《しゅ》だ!

恐竜《きょうりゅう》のご先祖様《せんぞさま》

エオラプトル

肉《にく》も植物《しょくぶつ》も大好《たいす》き！

全長《ぜんちょう》1m。前《まえ》あしが後《うし》ろあしに対《たい》して短《みじか》く、二足歩《にそくほ》行《こう》だったことがわかります。また、肉食《にくしょく》に適《てき》したするどい歯《は》と、植物食《しょくぶつしょく》に適《てき》した木《こ》の葉形《はがた》の歯《は》をもっています。肉食《にくしょく》の恐竜《きょうりゅう》は、竜盤類《りゅうばんるい》の獣《じゅう》脚類《きゃくるい》だけです。このエオラプトルももともとは獣脚類《じゅうきゃくるい》に

「小指《こゆび》と薬指《くすりゆび》が短《みじか》い」という獣脚類《じゅうきゃくるい》の特徴《とくちょう》ももつ！

エオラプトル

Eoraptor

●種類	竜盤類・原始的な竜脚形類
●生息期間	三畳紀後期
●全長	1m
●生息地	アルゼンチン
●食物	植物食・肉食
●名前の由来	夜明けのどろぼう

分類《ぶんるい》されていました。前《まえ》あしの小指《こゆび》と薬指《くすりゆび》がほかの3本《ぼん》の指《ゆび》と比《くら》べて小《ちい》さいのも、獣脚類《じゅうきゃくるい》の特徴《とくちょう》です。ちなみに、ほかの3本《ぼん》の指《ゆび》には大《おお》きなかぎづめがありました。

しかし、その後《ご》、手《て》の親《おや》指《ゆび》が体《からだ》の内側《うちがわ》へねじれる竜《りゅう》脚形類《きゃくけいるい》の特徴《とくちょう》がわかり、原《げん》始的《してき》な竜脚形類《りゅうきゃくけいるい》とされています。ただし、この恐竜《きょうりゅう》は非常《ひじょう》に原始的《げんしてき》で、恐竜《きょうりゅう》であることさえも疑《うたが》われました。さまざまに進化《しんか》していく恐竜《きょうりゅう》の初期段階《しょきだんかい》にいた原《げん》始的《してき》すぎる恐竜《きょうりゅう》でした。

三畳紀後期《さんじょうきこうき》に登場《とうじょう》

原始的《げんしてき》すぎて恐竜《きょうりゅう》であることを疑《うたが》われた恐竜《きょうりゅう》

プラテオサウルスは三畳《さんじょう》紀《き》の大型植物食恐竜《おおがたしょくぶつしょくきょうりゅう》として50以上《いじょう》もの化石《かせき》が発掘《はっくつ》されています。このプラテオサウルスを解剖学的《かいぼうがくてき》に考察《こうさつ》した研究《けんきゅう》があります。

それによると、630kgの中型《ちゅうがた》のプラテオサウルスの一番重《いちばんおも》かった部分《ぶぶん》が、胃《い》と腸《ちょう》の167kg、筋肉《きんにく》や脂《し》肪《ぼう》は100kgと推定《すいてい》されました。

体《からだ》の重《おも》さの約《やく》4分《ぶん》の1以《い》上《じょう》が胃《い》と腸《ちょう》だったわけです。体《からだ》の多《おお》くが食《た》べることを中《ちゅう》心《しん》にできていました。

三畳紀《さんじょうき》の大型植物食恐竜《おおがたしょくぶつしょくきょうりゅう》 プラテオサウルス

体《からだ》の多《おお》くが食《た》べるためにできていた

プラテオサウルス
Plateosaurus

●種類	竜盤類・原始的な竜脚形類
●生息期間	三畳紀後期
●全長	4.8～10m
●生息地	ドイツ、スイス、フランス、グリーンランド
●食物	植物食
●名前の由来	平らなトカゲ

この恐竜《きょうりゅう》の歯《は》は木《こ》の葉形《はがた》で、ふちにギザギザがあり植物《しょくぶつ》を噛《か》み切《き》るのに適《てき》していました。また、多《おお》くの化《か》石《せき》がまとまって発見《はっけん》されたことから群《む》れでくらしていたようです。首《くび》も尻尾《しっぽ》も長《なが》い竜脚形類《りゅうきゃくけいるい》のなかまですが、敵《てき》が来《く》ると立《た》ち上《あ》がることができ、親指《おやゆび》のかぎづめで戦《たたか》ったのかもしれません。

首《くび》や尻尾《しっぽ》より、実《じつ》は一番重《いちばんおも》かったのは胃《い》や腸《ちょう》

マッソスポンディルス

恐竜《きょうりゅう》も子育《こそだ》てはメスの役目《やくめ》!?

恐竜《きょうりゅう》も鳥類《ちょうるい》やワニ類《るい》と同《おな》じく、卵《たまご》がかえるのを助《たす》け、ふ化《か》した後《あと》も親《おや》が子《こ》どもの世話《せわ》をしていたと考《かんが》えられています。このマッソスポンディルスも子育《こそだ》てをしていたことがわかっています。

マッソスポンディルスの赤《あか》ちゃんの歯《は》は、自分《じぶん》では食《しょく》事《じ》ができないほど未熟《みじゅく》だったのです。そのため、親《おや》が食《た》べていたものを赤《あか》ちゃんに与《あた》えていたと考《かんが》えられています。卵《たまご》の大《おお》きさは直径《ちょっけい》6㎝ほどで、卵《たまご》の中《なか》の赤《あか》ちゃんは15㎝ほどしかありませんでした。卵《たまご》が比較《ひかく》的《てき》小《ちい》さいので、メスが子育《こそだ》ての役目《やくめ》を引《ひ》き受《う》けて

マッソスポンディルス
Massospondylus

- ●**種類**　竜盤類・原始的な竜脚形類
- ●**生息期間**　ジュラ期前期
- ●**全長**　4～5m
- ●**生息地**　南アフリカ、ジンバブエ
- ●**食物**　植物食
- ●**名前の由来**　重い糸巻きのような背骨

おとなになると二《に》足《そく》歩《ほ》行《こう》に！

いたと考《かんが》えられます。赤《あか》ちゃんのときは四足歩行《しそくほこう》でしたが、おとなになると二足《にそく》歩行《ほこう》になりました。前歯《まえば》は硬《かた》い植物《しょくぶつ》をむしりとれるようなギザギザの歯《は》でした。

子育《こそだ》てを
していた

歯《は》の未熟《みじゅく》な赤《あか》ちゃんのために親《おや》がかみ砕《くだ》いて食《た》べ物《もの》を与《あた》えていた!?

首《くび》が長《なが》すぎて上《うえ》にあげられない!?

アジアでもっとも大《おお》きい恐竜《きょうりゅう》

マメンチサウルス

体《からだ》の半分《はんぶん》を占《し》める長《なが》い首《くび》

首《くび》の骨《ほね》は19個《こ》もあった！

マメンチサウルス
Mamenchisaurus

●**種類**	竜盤類・原始的な竜脚類
●**生息期間**	ジュラ紀後期
●**全長**	22m
●**生息地**	中国
●**食物**	植物食
●**名前の由来**	マーメンチー（中国の地名）のトカゲ

全長《ぜんちょう》22mの巨体《きょたい》を誇《ほこ》るマメンチサウルス。そのうち体《からだ》の半分《はんぶん》を占《し》めていたのが、長《なが》い首《くび》です。通常《つうじょう》12から17個《こ》の首《くび》の骨《ほね》ですが、マメンチサウルスの首《くび》の骨《ほね》（頸椎《けいつい》）は19個《こ》もありました。首《くび》の骨《ほね》は両側《りょうがわ》が凹《くぼ》んで空洞《くうどう》があり軽《かる》くはなっていましたが、ざんねんなことに、上《うえ》にも

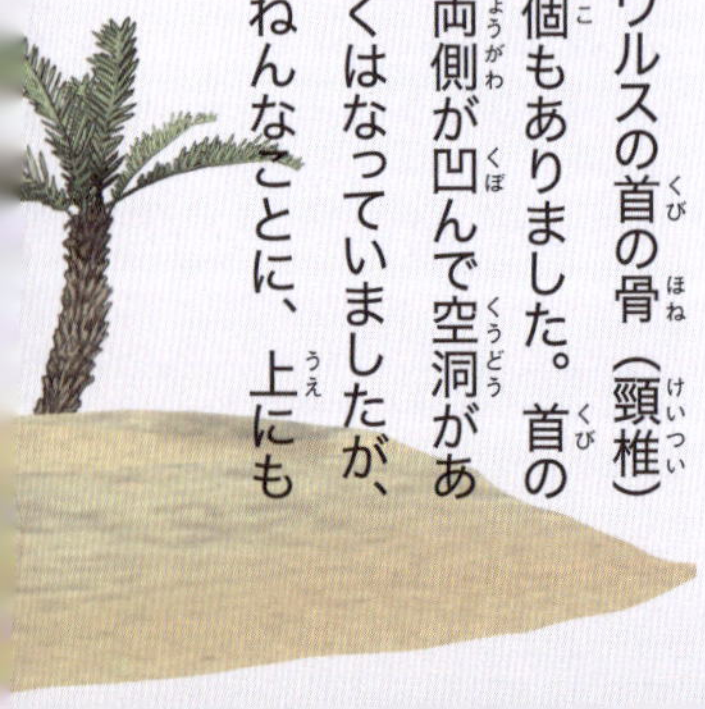

ち上《あ》げることはできないつくりでした。

アジアでもっとも大《おお》きい恐竜《きょうりゅう》で、恐竜《きょうりゅう》の化石《かせき》が多《おお》く見《み》つかっている中国《ちゅうごく》のジュンガル盆地《ぼんち》で発見《はっけん》されています。ジュンガル盆地《ぼんち》はジュラ紀《き》には恐竜《きょうりゅう》の楽園《らくえん》のような場所《ばしょ》だったようです。

マメンチサウルスは竜脚《りゅうきゃく》類《るい》のなかまです。この竜脚《りゅうきゃく》類《るい》は地球《ちきゅう》史《し》上最大《じょうさいだい》の陸上動《りくじょうどう》物《ぶつ》です。マメンチサウルスはその巨体《きょたい》をがっちりした4本《ほん》の足《あし》で支《ささ》えていました。

蜀《しょく》(四川省《しせんしょう》)で見《み》つかった恐竜《きょうりゅう》

シュノサウルス

マメンチサウルスを筆頭《ひっとう》に、竜脚類《りゅうきゃくるい》のなかまは首《くび》が長《なが》いのですが、このシュノサウルスは比較的《ひかくてき》首《くび》が長《なが》くない(といっても短《みじか》くはない)恐竜《きょうりゅう》です。

そのかわり尻尾《しっぽ》の先《さき》には、50㎝にも及《およ》ぶ骨《ほね》の棍棒《こんぼう》があり、そこには2対《つい》のトゲがついていました。肉食《にくしょく》

シュノサウルス
Shunosaurus

●種類	竜盤類・原始的な竜脚類
●生息期間	ジュラ紀中期
●全長	10m
●生息地	中国
●食物	植物食
●名前の由来	蜀(しょく、中国、四川省の旧名)のトカゲ

尻尾《しっぽ》には
2対《つい》のトゲの
ついた骨《ほね》
ハンマーが!

トゲつき棍棒《こんぼう》で 肉食動物《にくしょくどうぶつ》を 撃退《げきたい》!?

恐竜《きょうりゅう》などの敵《てき》には、この尻尾《しっぽ》を振《ふ》って撃退《げきたい》していたのでしょう。

シュノサウルスの全長《ぜんちょう》は10mほどで、完全《かんぜん》な頭《あたま》の骨《ほね》と多《おお》くの骨格《こっかく》が見《み》つかっています。名前《なまえ》のシュ（Shu）は蜀《しょく》をあらわし、中国四川《ちゅうごくしせん》省《しょう》の昔《むかし》の名前《なまえ》です。『三国《さんごく》志《し》』で出《で》てくる「魏《ぎ》・呉《ご》・蜀《しょく》」のひとつです。

ほかの竜脚類《りゅうきゃくるい》と
比《くら》べて長《なが》くはない首《くび》
数少《かずすく》ない
原始的竜脚類《げんしてきりゅうきゃくるい》

むちのようになる尻尾《しっぽ》

ディプロドクス

完全《かんぜん》な骨格《こっかく》が発見《はっけん》されている恐竜《きょうりゅう》では、ディプロドクスが最大《さいだい》です。ジュラ紀《き》後期《こうき》の竜脚類《りゅうきゃくるい》のなかまです。全長《ぜんちょう》20から35m。その半分《はんぶん》が尻尾《しっぽ》で細長《ほそなが》くのびていました。その尻尾《しっぽ》で襲《おそ》ってくる肉食恐竜《にくしょくきょうりゅう》をむちのように叩《たた》き、撃退《げきたい》していたようです。そのときの尻尾《しっぽ》のスピ

ディプロドクス
Diplodocus

●種類	竜盤類・竜脚類
●生息期間	ジュラ紀後期
●全長	20～35m
●生息地	アメリカ
●食物	植物食
●名前の由来	ふたつの梁をもつもの

ードは秒速《びょうそく》330mにもなったという計算《けいさん》もあります。そのスピードなら多《おお》くの肉《にく》食恐竜《しょくきょうりゅう》を叩《たた》きのめせたでしょう。

首《くび》も長《なが》く、口先《くちさき》にはえんぴつ形《がた》の歯《は》がくしのようにならんでいました。それで木《き》の枝《えだ》から葉《は》や実《み》をしごきとり、食《た》べていました。また、地面《じめん》のシダなどのやわらかい植物《しょくぶつ》を食《た》べていたようです。ただし顔《かお》は小《ちい》さく、体《からだ》の大《おお》きさが9mしかないトリケラトプスの半分以下《はんぶんいか》の大《おお》きさでした。

敵《てき》を攻撃《こうげき》する尻尾《しっぽ》のスピードは秒速《びょうそく》330m!?

顔《かお》の横《よこ》一線《いっせん》にならぶ歯《は》をもつ奇妙《きみょう》な顔《かお》

ニジェールサウルス

白亜紀前期《はくあきぜんき》に生息《せいそく》していた竜脚類《りゅうきゃくるい》の恐竜《きょうりゅう》です。その特徴《とくちょう》は、口先《くちさき》が横《よこ》に広《ひろ》がり、小《ちい》さな歯《は》が横一線《よこいっせん》にならんでいることです。

一方《いっぽう》、全体《ぜんたい》の骨格自体《こっかくじたい》は、極端《きょくたん》に軽快《けいかい》なつくりになっており、その顔《かお》が余計《よけい》に目立《めだ》っています。

その奇妙《きみょう》な容姿《ようし》に、日本《にほん》では、国立科学博物館《こくりつかがくはくぶつかん》で開催《かいさい》された「2009年《ねん》の恐竜博《きょうりゅうはく》」で紹介《しょうかい》され、ブームを巻《ま》き起《お》こしました。

口《くち》は下《した》に向《む》いており、地面《じめん》の植物《しょくぶつ》を食《た》べるのに適《てき》していました。また、頭《あたま》や首《くび》も、通常《つうじょう》は下《した》に向《む》くような構造《こうぞう》になっていました。

歯《は》はデンタルバッテリー

体全体《からだぜんたい》は
軽快《けいかい》なつくり

地面《じめん》の植物《しょくぶつ》を食《た》べるために進化《しんか》したクリップのような口《くち》！

で予備《よび》も含《ふく》めると500本《ぽん》もあり、やわらかい植物《しょくぶつ》を食《た》べていたようです。

ニジェールサウルス
Nigersaurus

●**種類**　竜盤類・竜脚類
●**生息期間**　白亜紀前期
●**全長**　9m
●**生息地**　ニジェール
●**食物**　植物食
●**名前の由来**　ニジェール（国名）のトカゲ

ひれ状《じょう》のするどいトゲ

アマルガサウルス

首《くび》から上《うえ》はトゲの列《れつ》が……

首《くび》から尻尾《しっぽ》にかけてトゲ状《じょう》の突起《とっき》がありました。とくに首《くび》から上《うえ》は細《ほそ》く長《なが》い突《とっ》起《き》で壊《こわ》れやすいトゲでした。そのため、肉食恐竜《にくしょくきょうりゅう》からの防御用《ぼうぎょよう》ではなく、皮膚《ひふ》を張《は》って帆《ほ》のようにしていたと考《かんが》えられています。

アマルガサウルスは竜脚《りゅうきゃく》類《るい》で、暖《あたた》かかった白亜紀《はくあき》の時代《じだい》の、さらに暑《あつ》い場所《ばしょ》にすんでいました。

そのため、この帆《ほ》は、体《からだ》の熱《ねつ》を逃《に》がす温度調節器《おんどちょうせつき》の役目《やくめ》をしていたのではないかといわれています。

また、ディスプレイとして、仲間《なかま》を見分《みわ》けるために役立《やくだ》っていたのかもしれません。あるいは、トゲを揺《ゆ》らしてぶつけ、大《おお》きな音《おと》を出《だ》し、近《ちか》づいてきた肉食恐竜《にくしょくきょうりゅう》やライバルに警告《けいこく》を発《はっ》していたのかもしれません。

アマルガサウルス

Amargasaurus

中型《ちゅうがた》の竜脚類《りゅうきゃくるい》

●**種類**	竜盤類・竜脚類
●**生息期間**	白亜紀前期
●**全長**	9ｍ
●**生息地**	アルゼンチン
●**食物**	植物食
●**名前の由来**	アマルガ（アルゼンチンの地名）のトカゲ

トゲは2列《れつ》だけど実《じつ》は壊《こわ》れやすい背中《せなか》の帆《ほ》！

ディクラエオサウルス

短《みじか》い首《くび》で活路《かつろ》を開《ひら》く!?

ジュラ紀後期《きこうき》の竜脚類《りゅうきゃくるい》の恐竜《きょうりゅう》です。竜脚類《りゅうきゃくるい》にしては短《みじか》めな首《くび》です。化石《かせき》はアフリカのタンザニアから発掘《はっくつ》されています。この時期《じき》に、同《おな》じ場所《ばしょ》には、背《せ》が高《たか》い同《おな》じ竜脚類《りゅうきゃくるい》のブラキオサウルスが生息《せいそく》していました。

ブラキオサウルスは全長《ぜんちょう》25m、前《まえ》あしが後《うし》ろあしより長《なが》く、首《くび》を高《たか》くもち上《あ》げることができました。一《いっ》方《ぼう》、ディクラエオサウルスは全長《ぜんちょう》13から20mで、首《くび》は頭部《とうぶ》を高《たか》くもち上《あ》げられない構造《こうぞう》になっていたようです。

そのため、この竜脚類《りゅうきゃくるい》の恐《きょう》竜《りゅう》たちは食《た》

ディクラエオサウルス
Dicraeosaurus

●種類	竜盤類・竜脚類
●生息期間	ジュラ紀後期
●全長	13～20m
●生息地	タンザニア
●食物	植物食
●名前の由来	ふたまたのトカゲ

べるエサを、その高《たか》さで分《わ》け合《あ》っていたと考《かんが》えられています。ブラキオサウルスはより高《たか》いところにある植《しょく》物《ぶつ》を、ディクラエオサウルスはより低《ひく》い植物《しょくぶつ》や地面《じめん》の植物《しょくぶつ》などを食《た》べていたと考《かんが》えられています。

首《くび》の長《なが》い植物食恐竜《しょくぶつしょくきょうりゅう》たちと食《た》べものを分《わ》け合《あ》って共存共栄《きょうぞんきょうえい》!?

33mの巨大恐竜《きょだいきょうりゅう》

スーパーサウルス

巨《きょ》大《だい》化《か》しすぎて、暑《あつ》すぎる日《ひ》は干《ひ》上《あ》がってしまった!?

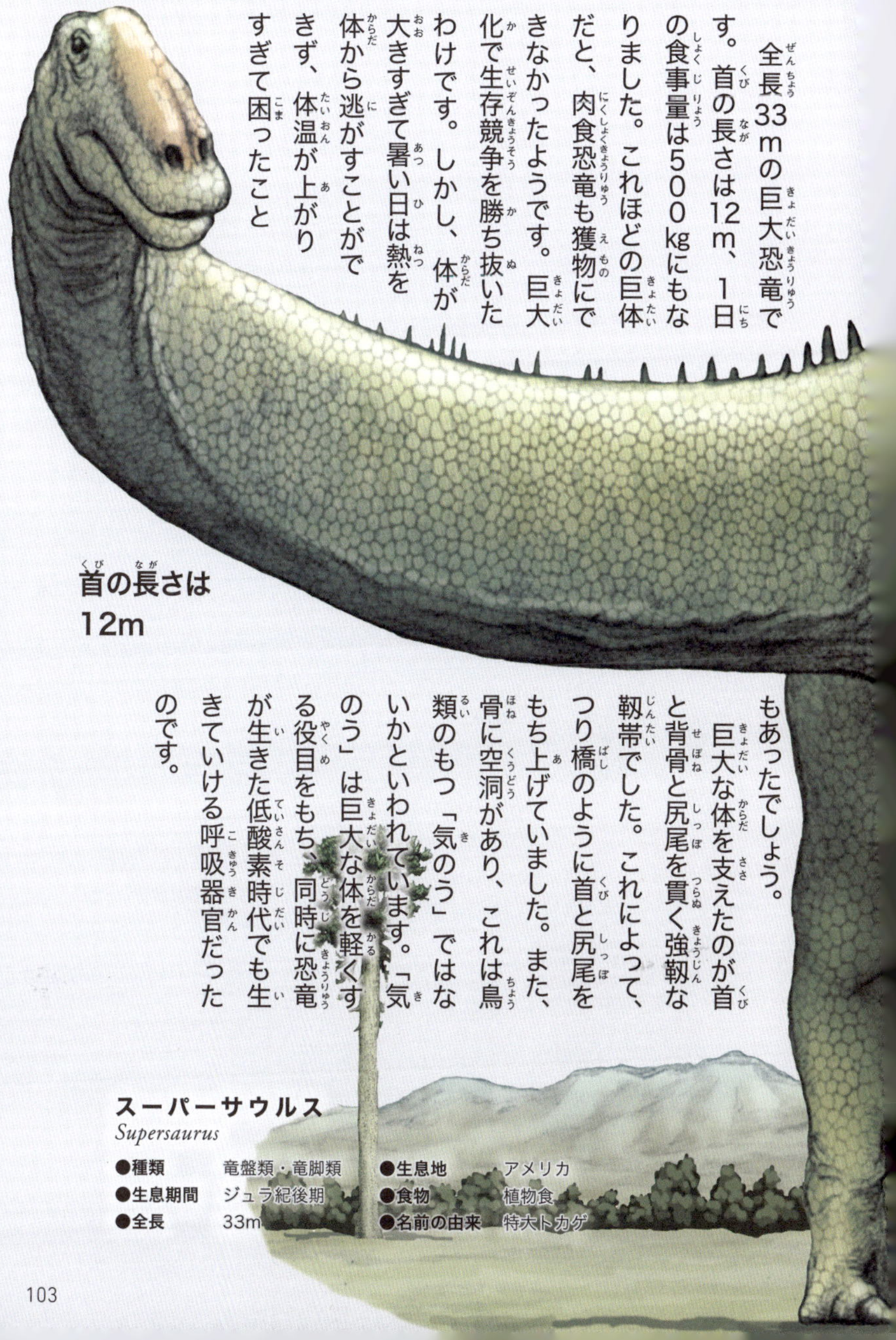

全長《ぜんちょう》33ｍの巨大恐竜《きょだいきょうりゅう》です。首《くび》の長《なが》さは12ｍ、1日《にち》の食事量《しょくじりょう》は500kgにもなりました。これほどの巨体《きょたい》だと、肉食恐竜《にくしょくきょうりゅう》も獲物《えもの》にできなかったようです。巨大《きょだい》化《か》で生存競争《せいぞんきょうそう》を勝《か》ち抜《ぬ》いたわけです。しかし、体《からだ》が大《おお》きすぎて暑《あつ》い日《ひ》は熱《ねつ》を体《からだ》から逃《に》がすことができず、体温《たいおん》が上《あ》がりすぎて困《こま》ったこともあったでしょう。

巨大《きょだい》な体《からだ》を支《ささ》えたのが首《くび》と背骨《せぼね》と尻尾《しっぽ》を貫《つらぬ》く強靭《きょうじん》な靭帯《じんたい》でした。これによって、つり橋《ばし》のように首《くび》と尻尾《しっぽ》をもち上《あ》げていました。また、骨《ほね》に空洞《くうどう》があり、これは鳥類《ちょうるい》のもつ「気《き》のう」ではないかといわれています。「気《き》のう」は巨大《きょだい》な体《からだ》を軽《かる》くする役目《やくめ》をもち、同時《どうじ》に恐竜《きょうりゅう》が生《い》きた低酸素時代《ていさんそじだい》でも生《い》きていける呼吸器官《こきゅうきかん》だったのです。

スーパーサウルス
Supersaurus

●種類	竜盤類・竜脚類	●生息地	アメリカ
●生息期間	ジュラ紀後期	●食物	植物食
●全長	33m	●名前の由来	特大トカゲ

6・2mしかない竜脚類《りゅうきゃくるい》

ユーロパサウルス

スーパーサウルスの33m、アルゼンチノサウルスの40mと比《くら》べれば、かなり小《ちい》さな竜脚類《りゅうきゃくるい》の恐竜《きょうりゅう》がユーロパサウルスです。おとなで6・2m、子《こ》どもだと1・7mほどしかありませんでした。

この恐竜《きょうりゅう》は、名前《なまえ》にユーロパ（Europa《ユーロパ》）とあるように、ヨーロッパで発見《はっけん》さ

小《ちい》さな島《しま》で生《い》き残《のこ》るため小型化《こがたか》!?

ユーロパサウルス
Europasaurus

●種類	竜盤類・竜脚類
●生息期間	ジュラ紀後期
●全長	6.2m
●生息地	ドイツ
●食物	植物食
●名前の由来	ヨーロッパのトカゲ

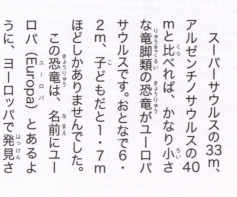

れました。

ジュラ紀後期《きこうき》のヨーロッパはいくつもの小《ちい》さな島《しま》に分《わ》かれており、食事《しょくじ》となる植物《しょくぶつ》の量《りょう》が限《かぎ》られていました。そのため、そのような環境《かんきょう》で生《い》き残《のこ》るために、体《からだ》が小《ちい》さいままであったと考《かんが》えられています。

スーパーサウルスたちが巨大化《きょだいか》して肉食恐竜《にくしょくきょうりゅう》から身《み》を守《まも》ったのとは、真逆《まぎゃく》。体《からだ》を小《ちい》さいままにして、少《すく》ない食事《しょくじ》に耐《た》えて生《い》き残《のこ》ったのがユーロパサウルスだったわけです。

鼻《はな》の上《うえ》の
こぶが特徴的《とくちょうてき》
体《からだ》は小柄《こがら》で
子《こ》どもだと
全長《ぜんちょう》1.7m
ヨーロッパで
発見《はっけん》

脊椎《せきつい》の大《おお》きさが1・6mそれから想像《そうぞう》すると全長《ぜんちょう》40m

体重《たいじゅう》は80t？
重《おも》すぎて
生《い》きてられない？

陸上動物《りくじょうどうぶつ》としても史上最大《しじょうさいだい》

アルゼンチノサウルス

40mにも及《およ》ぶ史上最大《しじょうさいだい》の恐竜《きょうりゅう》で、竜脚類《りゅうきゃくるい》のなかまです。ただし、全身《ぜんしん》の骨格《こっかく》が見《み》つかっているわけではありません。背骨《せぼね》や肋骨《ろっこつ》などが見《み》つかっているだけですが、ある脊椎《せきつい》の大《おお》きさが約《やく》1・6mもあり、ほかの恐《きょう》竜《りゅう》と比《くら》べたときに、史上最《しじょうさい》大級《だいきゅう》だったのです。

その体《からだ》から推定《すいてい》する重《おも》さは80tにもなったという説《せつ》もあります。しかし、これほどの重《おも》さになると、体温《たいおん》が高《たか》すぎて体《からだ》を構成《こうせい》しているたんぱく質《しつ》を壊《こわ》してしまうため、生《い》きていられないとか、そもそも重《おも》すぎて四肢《しし》が支《ささ》えられないとかの説《せつ》もあり、いまのところ体重《たいじゅう》はなぞとなっています。

アルゼンチノサウルスは同時期《どうじき》、同場所《どうばしょ》に大型《おおがた》の肉《にく》食動物《しょくどうぶつ》、マプサウルスもくらしていました。両者《りょうしゃ》は戦《たたか》ったのでしょうか。

恐竜時代《きょうりゅうじだい》の最後《さいご》まで繁栄《はんえい》を続《つづ》けた

本当《ほんとう》の体重《たいじゅう》はなぞ!?

アルゼンチノサウルス

Argentinosaurus

- ●種類　竜盤類・竜脚類
- ●生息期間　白亜紀後期
- ●全長　35～40m
- ●生息地　アルゼンチン
- ●食物　植物食
- ●名前の由来　アルゼンチン（国名）のトカゲ

兵庫県《ひょうごけん》で見《み》つかった竜脚類《りゅうきゃくるい》

タンバティタニス

兵庫県丹波《ひょうごけんたんば》で発見《はっけん》された竜脚類《りゅうきゃくるい》の恐竜《きょうりゅう》、その名《な》も丹波《たんば》（Tamba《タンバ》）の女神《めがみ》（Titanis《ティタニス》）。2006年《ねん》、二《ふた》人の地学愛好家《ちがくあいこうか》がある化石《かせき》を発見《はっけん》しました。その化石《かせき》は兵庫県立人《ひょうごけんりつひと》と自然《しぜん》の博物《はくぶつ》館《かん》にもちこまれました。

博物館《はくぶつかん》ではすぐさまそれを恐竜《きょうりゅう》の化石《かせき》だと判断《はんだん》し、

珍《めずら》しい白亜紀前期《はくあきぜんき》のティタノサウルスのなかま

大《おお》きさは全長《ぜんちょう》15mほど

タンバティタニス
Tambatitanis

●種類	竜盤類・竜脚類
●生息期間	白亜紀前期
●全長	12～15m
●生息地	日本（兵庫県）
●食物	植物食
●名前の由来	丹波（日本の地名）の巨人（女神）

翌年《よくとし》から6年《ねん》にわたって組《そ》織的《しきてき》な大規模《だいきぼ》発掘《はっくつ》が行《おこな》われました。そして、このタンバティタニスと名《な》づけられる全長《ぜんちょう》15mの竜脚類《りゅうきゃくるい》の各《かく》部位《ぶい》の骨《ほね》が発掘《はっくつ》されたのです。

2014年《ねん》、この恐竜《きょうりゅう》が新種《しんしゅ》であることを認《みと》められ学名《がくめい》がつきました。このタンバティタニスは世界的《せかいてき》にも珍《めずら》しい白亜紀前期《はくあきぜんき》のティタノサウルスのなかまです。その骨《ほね》は大変貴重《たいへんきちょう》。現《げん》在《ざい》も発掘《はっくつ》は続《つづ》いており新《あら》たな発見《はっけん》が期待《きたい》されます。

丹波《たんば》で発見《はっけん》

愛称《あいしょう》は「丹波竜《たんばりゅう》」。二人《ふたり》の地学愛好家《ちがくあいこうか》が発見《はっけん》！

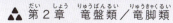

大《おお》きくなるだけが防御《ぼうぎょ》じゃない

サルタサウルス

竜脚類《りゅうきゃくるい》のティタノサウルスのなかまは巨大化《きょだいか》する恐竜《きょうりゅう》も多《おお》かったのですが、背中《せなか》に骨《ほね》の鎧《よろい》をもっている恐竜《きょうりゅう》もいました。その代表的《だいひょうてき》な恐竜《きょうりゅう》がサルタサウルス。

この恐竜《きょうりゅう》は皮膚《ひふ》が進化《しんか》した骨《ほね》の鎧《よろい》をもっていました。大《おお》きな骨《ほね》の板《いた》やでこぼこで、背中《せなか》が覆《おお》われていました。

背中《せなか》の鎧《よろい》で身《み》を守《まも》った！

アルゼンチノサウルスなど巨《きょ》大化《だいか》した竜脚類《りゅうきゃくるい》は、巨大化《きょだいか》することで肉食恐竜《にくしょくきょうりゅう》などから身《み》を守《まも》りましたが、サルタサウルスは全長《ぜんちょう》12ｍほどで、大《おお》きくありません。

この恐竜《きょうりゅう》は背中《せなか》に鎧《よろい》を纏《まと》

竜脚類《りゅうきゃくるい》でも鎧《よろい》はある！巨大化《きょだいか》より強《つよ》い骨《ほね》を選《えら》んだ恐竜《きょうりゅう》！

うことで身《み》を守《まも》ったと考《かんが》えられています。サルタサウルスのあしは短《みじか》く樽《たる》のような幅《はば》の広《ひろ》い胴体《どうたい》ももっていました。これはティタノサウルスのなかまに多《おお》く見《み》られる傾《けい》向《こう》です。

サルタサウルス
Saltasaurus

●種類	竜盤類・竜脚類
●生息期間	白亜紀後期
●全長	12m
●生息地	アルゼンチン
●食物	植物食
●名前の由来	サルタ（アルゼンチンの地名）のトカゲ

肉食恐竜《にくしょくきょうりゅう》のご先祖様《せんぞさま》

エオドロマエウス

２０１１年《ねん》に名前《なまえ》がつけられた獣脚類《じゅうきゃくるい》の恐竜《きょうりゅう》。アルゼンチンの三畳紀後期《さんじょうきこうき》の地層《ちそう》から見《み》つかった初期《しょき》の恐竜《きょうりゅう》です。凶暴《きょうぼう》なティラノサウルスなどの肉食恐竜《にくしょくきょうりゅう》のご先祖様《せんぞさま》にあたります。

全長《ぜんちょう》は１・２ｍほどで、高《たか》さは人間《にんげん》のひざほどしかありませんでした。少々大《しょうしょうおお》

イヌほどの大《おお》きさなのに非常《ひじょう》に凶暴《きょうぼう》で速《はや》い⁉

きめのイヌと同《おな》じくらいです。しかし、二足歩行《にそくほこう》し、そのスピードは時速《じそく》30㎞ほどあったと考《かんが》えられています。恐竜名《きょうりゅうめい》のエオドロマエウスは「暁《あかつき》のランナー」を意味《いみ》します。この暁《あかつき》は恐竜《きょうりゅう》時代《じだい》の暁《あかつき》、初期《しょき》のことです。

のこぎりのような歯《は》をもち、手《て》は5本指《ほんゆび》で、小指《こゆび》と薬指《くすりゆび》は短《みじか》いですが残《のこ》りの指《ゆび》は長《なが》くするどいつめをもっていました。これで相手《あいて》を襲《おそ》っていたのです。尾《お》も非《ひ》常《じょう》に硬《かた》かったようです。

エオドロマエウス
Eodromaeus

●種類	竜盤類・原始的な獣脚類
●生息期間	三畳紀後期
●全長	1.2m
●生息地	アルゼンチン
●食物	肉食
●名前の由来	暁のランナー

俊足《しゅんそく》でギザギザの歯《は》をもつ

コエロフィシス

アメリカのニューメキシコ州《しゅう》で500体《たい》にも及《およ》ぶ化石《かせき》が発見《はっけん》されたコエロフィシス。化石《かせき》はバラバラではなく、つながって見《み》つかりました。突然《とつぜん》の大洪水《だいこうずい》で、一《いっ》気《き》に多《おお》くが溺《おぼ》れて死《し》んだまま、流《なが》されたものだろうと推測《すいそく》されています。

500体《たい》もが、一気《いっき》に流《なが》

されるほどコエロフィシスは集団《しゅうだん》でくらしていたと思《おも》われます。ほっそりした体《からだ》つきで、後《うし》ろあしは小指《こゆび》と親指《おやゆび》が退化《たいか》、3本《ぼん》の指《ゆび》で着《ちゃく》地《ち》していました。このように着地《ちゃくち》する指《ゆび》の数《かず》が減《へ》るのは、速《はや》く走《はし》る動物《どうぶつ》の特徴《とくちょう》です。俊足《しゅんそく》だったと考《かんが》えられています。

首《くび》も長《なが》く自由《じゆう》に動《うご》き、すばやく獲物《えもの》を捕《と》らえられたようです。細長《ほそなが》い口《くち》とナイフのようにカーブしたギザギザの歯《は》で小動物《しょうどうぶつ》を捕《つか》まえて食《た》べていたのでしょう。

大洪水《だいこうずい》で流《なが》された!? 500体《たい》もの化石《かせき》が一挙《いっきょ》に発見《はっけん》!

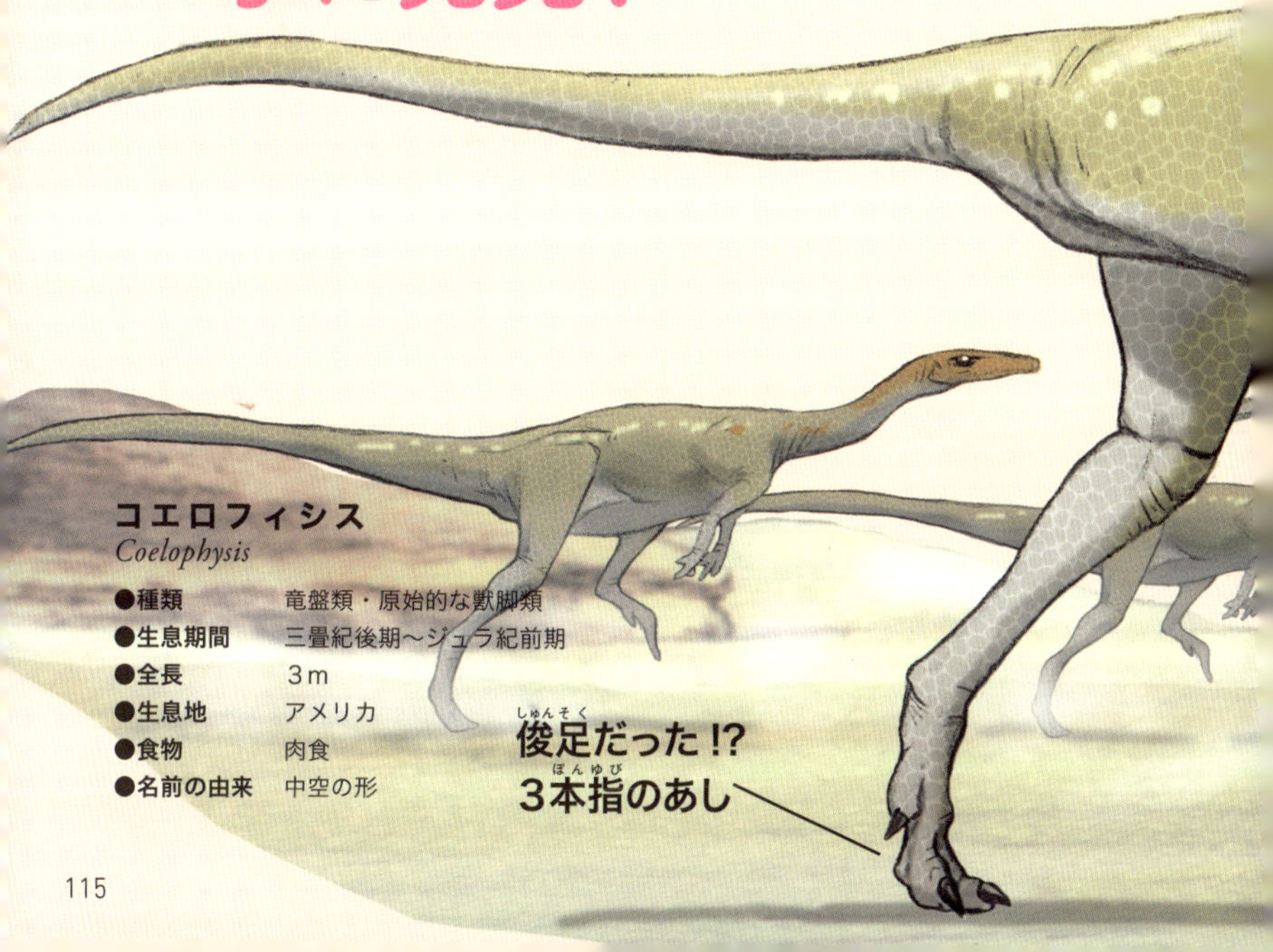

コエロフィシス
Coelophysis

- ●**種類**　竜盤類・原始的な獣脚類
- ●**生息期間**　三畳紀後期～ジュラ紀前期
- ●**全長**　3m
- ●**生息地**　アメリカ
- ●**食物**　肉食
- ●**名前の由来**　中空の形

体《からだ》は軽《かる》く俊敏《しゅんびん》！

ディロフォサウルス

歯《は》は細《ほそ》く、魚《さかな》も食《た》べていた

鼻《はな》から頭頂部《とうちょうぶ》にかけて対《つい》になった2枚《まい》のトサカがありました。名前《なまえ》もふたつ（di《ディ》）のトサカ（lopho《ロフォ》）があるトカゲ（sauros《サウルス》）です。このトサカには空気袋《くうきぶくろ》が

頭《あたま》の上《うえ》に対《つい》になったトサカが

あり、膨《ふく》らませたり縮《ちぢ》めたりすることができたようです。それによって、なかまや、オスとメスを見分《みわ》けていたと考《かんが》えられています。メスへのアピールだったかもしれません。

この恐竜《きょうりゅう》はアメリカと中国《ちゅうごく》で発見《はっけん》されています。体《からだ》は軽《かる》く、速《はや》く走《はし》ることができました。時速《じそく》は40kmほどだったと考《かんが》えられています。一方《いっぽう》で、止《と》まっているときは腰《こし》を下《お》ろし前《まえ》あしを地面《じめん》につけた状態《じょうたい》で休《やす》んでいたことがわかっています。肉食《にくしょく》で、歯《は》は細《ほそ》くて魚《さかな》も食《た》べていたといわれています。

頭《あたま》の上《うえ》の2枚《まい》のトサカはメスへのアピールか!?

ディロフォサウルス
Dilophosaurus

●種類　竜盤類・原始的な獣脚類
●生息期間　ジュラ紀前期
●全長　6m
●生息地　アメリカ、中国
●食物　肉食
●名前の由来　ふたつのトサカをもつトカゲ

出《で》っ歯《ぱ》の
前歯《まえは》
小《ちい》さな
体《からだ》で俊敏《しゅんびん》
だった!?
主食《しゅしょく》は魚《さかな》!?

魚《さかな》を捕《つか》まえるために進化《しんか》!? 出《で》っ歯《ぱ》で魚《さかな》を捕獲《ほかく》！

マシアカサウルス
Masiakasaurus

●種類　竜盤類・獣脚類
●生息期間　白亜紀後期
●全長　2m
●生息地　マダガスカル
●食物　肉食
●名前の由来　悪いトカゲ

マシアカサウルス

前歯《まえば》の先《さき》は曲《ま》がっていた

２mほどしかない小型《こがた》の獣脚類《じゅうきゃくるい》ですが、特徴《とくちょう》はなんといっても出《で》っ歯《ぱ》。両《りょう》あごとも前歯《まえば》が前《まえ》に飛《と》び出《だ》していました。そして、その前歯《まえば》の先《さき》は少《すこ》し曲《ま》がっており、小動物《しょうどうぶつ》や魚《さかな》などの獲物《えもの》をうまく引《ひ》っ掛《か》けられる構造《こうぞう》になっていました。そのため、魚《さかな》などを捕獲《ほかく》していただろうと考《かんが》えられています。

獣脚類《じゅうきゃくるい》のケラトサウルスのなかまで、恐竜《きょうりゅう》時代《じだい》最後《さいご》の白亜紀《はくあき》の後期《こうき》に生息《せいそく》していました。マシアカサウルスの奥《おく》の歯《は》は、ほかの獣脚《じゅうきゃく》類《るい》と同《おな》じく、ナイフ状《じょう》のするどい歯《は》がならんでいます。体《からだ》つきは少々《しょうしょう》細《ほそ》めだっただろうと考《かんが》えられています。

発見《はっけん》された場所《ばしょ》はアフリカのマダガスカル島《とう》です。名前《なまえ》になっているマシアカは、マダガスカルの言葉《ことば》で、獰猛《どうもう》とか、悪《わる》いを意味《いみ》します。

角《つの》はあっても強《つよ》くない！

カルノタウルス

カルノタウルスの頭部《とうぶ》は横《よこ》よりも縦《たて》に長《なが》く、左右《さゆう》の目《め》の上《うえ》に角《つの》がありました。獣脚類《じゅうきゃくるい》のケラトサウルスのなかまには、このように頭《あたま》に角《つの》や突起《とっき》をもっている恐《きょう》竜《りゅう》が多《おお》くいました。頭《あたま》の角《つの》をぶつけあって戦《たたか》うこともあったようです。

しかし、全長《ぜんちょう》が８ｍあったにもかかわらず、前《まえ》あしは非常《ひじょう》に短《みじか》く50㎝ほどしかありませんでした。そのため、戦《たたか》いには不向《ふむ》きだったようです。ケラトサウルスのなかまには、前《まえ》あしが短《みじか》い恐竜《きょうりゅう》も多《おお》く、交尾《こうび》のときに相手《あいて》を刺激《しげき》するために使《つか》ったとも考《かんが》えられています。

また、しっかりしたあごで植物食恐竜《しょくぶつしょくきょうりゅう》を捕《つか》まえて食《しょく》していたようです。この恐《きょう》竜《りゅう》はアルゼンチンの南《みなみ》のパタゴニアで発見《はっけん》されましたが、この地域《ちいき》では最大級《さいだいきゅう》の大型肉食恐竜《おおがたにくしょくきょうりゅう》でした。

カルノタウルス
Carnotaurus

- **種類**　竜盤類・獣脚類
- **生息期間**　白亜紀後期
- **全長**　8m
- **生息地**　アルゼンチン
- **食物**　肉食
- **名前の由来**　肉食のウシ

一見怖《いっけんこわ》そうな容姿《ようし》だが、腕《うで》は短《みじか》く戦《たたか》いには弱《よわ》い!?

最大級《さいだいきゅう》の肉食恐竜《にくしょくきょうりゅう》

スピノサウルス

長《なが》く強靭《きょうじん》な上《うわ》あごの先《さき》には小《ちい》さな穴《あな》があり、それによって水圧《すいあつ》の変化《へんか》を感《かん》じ取《と》り、魚《さかな》を探知《たんち》していたようです。あごには円錐形《えんすいけい》の歯《は》がならんでいました。この歯《は》で魚《さかな》をしっかりと捕《つか》まえていたのでしょう。スピノサウルスのなかまは長《なが》いあごと、大《おお》きなかぎづめをもつ

高《たか》く盛《も》り上《あ》がった背中《せなか》の帆《ほ》
長《なが》く強靭《きょうじん》なあご。その先《さき》には魚探知機《さかなたんちき》が

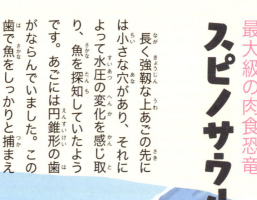

強靭《きょうじん》な前《まえ》あしが特徴《とくちょう》です。

スピノサウルスの背中《せなか》には帆《ほ》のような皮膚《ひふ》に覆《おお》われた骨《ほね》の突起《とっき》があり、高《たか》さは1・7mにもなりました。この帆《ほ》は体温調節《たいおんちょうせつ》や、求愛《きゅうあい》に使《つか》われていたと考《かんが》えられています。

最近《さいきん》の研究《けんきゅう》では、スピノサウルスはいままで考《かんが》えられていたより水中《すいちゅう》に適《てき》した体《からだ》で、後《うし》ろあしには水《みず》かきがあったのでないかといわれています。尻尾《しっぽ》を尾《お》ひれのように使《つか》って水中《すいちゅう》を自在《じざい》に泳《およ》いでいたかもしれません。

体《からだ》はティラノサウルスより大《おお》きく強靭《きょうじん》な前《まえ》あしとあごをもつ水陸両用恐竜《すいりくりょうようきょうりゅう》

スピノサウルス
Spinosaurus

●種類	竜盤類・獣脚類
●生息期間	白亜紀後期
●全長	18m
●生息地	エジプト、モロッコ
●食物	肉食
●名前の由来	トゲのあるトカゲ

巨大《きょだい》ワニと魚《さかな》をめぐって大格闘《だいかくとう》!?

背中《せなか》には
少々《しょうしょう》ひくい帆《ほ》が
長《なが》いあごに
100本《ぼん》の歯《は》!

白亜紀《はくあき》、陸上《りくじょう》は恐竜《きょうりゅう》の王国《こく》でしたが、水中《すいちゅう》はは虫類《ちゅうるい》の天下《てんか》でした。そこには巨《きょ》大《だい》ワニのサルコスクスもいました。スコミムスはスピノサウルスのなかまの肉食恐竜《にくしょくきょうりゅう》で、背中《せなか》に帆《ほ》がありました。主食《しゅしょく》は魚《さかな》だったようです。

スコミムスはあごが長《なが》く100本《ぼん》もの歯《は》があり、ワニに似《に》た顔《かお》でした。そもそもスコミムスはワニもどきという意味《いみ》の名前《なまえ》です。

巨大《きょだい》ワニのサルコスクスの大《おお》きさは12m。一方《いっぽう》スコミムスは11m。両者《りょうしゃ》とも遜色《そんしょく》ない大《おお》きさです。スコミムスはその長《なが》いあごで獲物《えもの》を捕《と》らえます。しかし水中《すいちゅう》はワニの天下《てんか》、いくらスコミムスのあごが強力《きょうりょく》でも、それは陸上《りくじょう》でのこと。捕《と》らえた魚《さかな》を水中《すいちゅう》からワニに横取《よこど》りされたら、黙《だま》って見《み》ているしかなかったようです。

強敵《きょうてき》はスーパーワニ

スコミムス

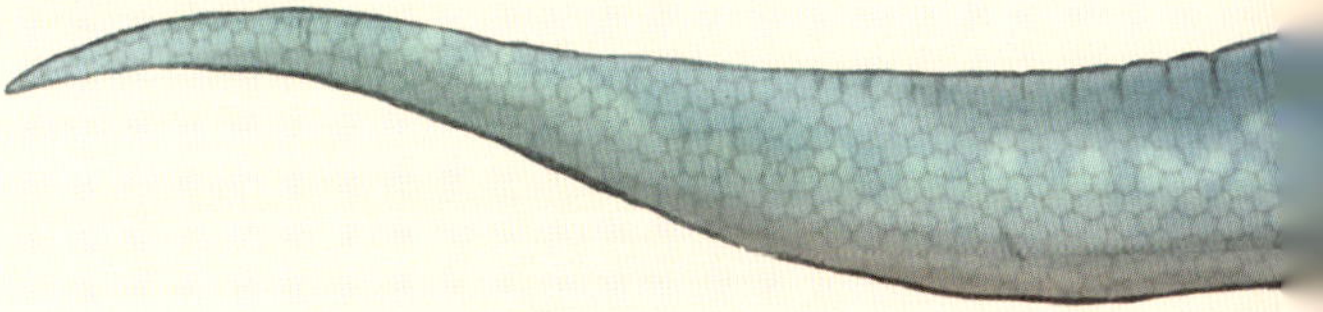

スコミムス
Suchomimus

●種類	竜盤類・獣脚類
●生息期間	白亜紀前期
●全長	11m
●生息地	ニジェール
●食物	肉食
●名前の由来	ワニもどき

スーパーワニのサルコスクスは天敵《てんてき》か!?

白《はく》亜《あ》紀《き》後《こう》期《き》に生《せい》息《そく》！

マプサウルス

家《か》族《ぞく》で群《む》れを
つくり、狩《か》りを
していた！

若《わか》いうちは
ほっそりとして
機《き》敏《びん》！

白亜紀後期《はくあきこうき》に生息《せいそく》していたアロサウルスのなかまの肉食恐竜《にくしょくきょうりゅう》です。ギガノトサウルスほど大《おお》きくはありませんが、それでも全長《ぜんちょう》10mはありました。

そのマプサウルスは大型《おおがた》の肉食恐竜《にくしょくきょうりゅう》でありながら、集《しゅう》団《だん》で狩《か》りをしていた可能性《かのうせい》があります。発見場所《はっけんばしょ》はアルゼンチンの中部《ちゅうぶ》ですが、そこでは成長段階《せいちょうだんかい》の異《こと》なる7体《たい》が同《おな》じ場所《ばしょ》で見《み》つかっています。同《おな》じ場所《ばしょ》で大型《おおがた》の肉食恐竜《にくしょくきょうりゅう》が複数《ふくすう》見《み》つかることはとても珍《めずら》しいことです。

巨大《きょだい》な肉食恐竜《にくしょくきょうりゅう》が集団《しゅうだん》で狩《か》り!?

家族《かぞく》で群《む》れをつくり、狩《か》りをして生活《せいかつ》していたのでしょう。おとなになるまでのマプサウルスはほっそりとしていて活動的《かつどうてき》だったようですが、おとなになるとそれほど機敏《きびん》ではなかったようです。ナイフのようなするどい歯《は》で獲物《えもの》を襲《おそ》っていました。

マプサウルス
Mapusaurus

- **種類**　竜盤類・獣脚類
- **生息期間**　白亜紀後期
- **全長**　10m
- **生息地**　アルゼンチン
- **食物**　肉食
- **名前の由来**　大地のトカゲ

巨大肉食恐竜《きょだいにくしょくきょうりゅう》

カルカロドントサウルス

ティラノサウルス並《な》みの巨《きょ》大肉食恐竜《だいにくしょくきょうりゅう》。アロサウルスのなかまです。「カルカロドント」は、ギリシャ語《ご》で先《さき》のとがったギザギザ（karcharos《カルカロ》）の歯《は》（odonto《オドント》）をあらわす言葉《ことば》。上下《じょうげ》に大《おお》きな頭《あたま》が特《とく》徴的《ちょうてき》で、あごには強力《きょうりょく》な歯《は》がならんでいました。歯《は》はティラノサウルスのように骨《ほね》

カルカロドントサウルス

Carcharodontosaurus

●**種類**	竜盤類・獣脚類
●**生息期間**	白亜紀中期
●**全長**	12m
●**生息地**	エジプト、モロッコ、チュニジアなど
●**食物**	肉食
●**名前の由来**	ホオジロザメの歯をもつトカゲ

ティラノサウルス並《な》みの巨大肉食恐竜《きょだいにくしょくきょうりゅう》！

まで砕《くだ》くほどの強《つよ》さはなかったようですが、肉《にく》は確実《かくじつ》に切《き》り裂《さ》くのこぎり歯《ば》でした。

ティラノサウルスのように前《まえ》あしは極端《きょくたん》に短《みじか》くはなく、アロサウルスのような前《まえ》あしでした。頭《あたま》は大《おお》きかったですが、脳《のう》の大《おお》きさはそれほどでもなく、ほかの獣脚類《じゅうきゃくるい》と同《おな》じくらいでした。

獲物《えもの》は大型《おおがた》の植物食恐竜《しょくぶつしょくきょうりゅう》。横取《よこど》りもしていたようです。自《みずか》らより大《おお》きい獲物《えもの》に深《ふか》手《で》を負《お》わせ大量出血《たいりょうしゅっけつ》で殺《ころ》して、捕獲《ほかく》していたのでしょう。

上下《じょうげ》に巨大《きょだい》な頭《あたま》
強力《きょうりょく》な歯《は》で獲物《えもの》を出血多量死《しゅっけつたりょうし》に！

強力《きょうりょく》なあごで大型植物食恐竜《おおがたしょくぶつしょくきょうりゅう》を捕食《ほしょく》、横取《よこど》りも平気《へいき》でする恐竜《きょうりゅう》

ジュラ紀《き》最強《さいきょう》の肉食恐竜《にくしょくきょうりゅう》

アロサウルス

ジュラ紀《き》最強《さいきょう》の肉食恐竜《にくしょくきょうりゅう》がアロサウルス。しかし、その化石《かせき》にはステゴサウルスに貫《つらぬ》かれたあとが残《のこ》っていました。アロサウルスと植物食恐竜《しょくぶつしょくきょうりゅう》ステゴサウルスはジュラ紀《き》最大《さいだい》の死闘《しとう》を繰《く》り広《ひろ》げた両雄《りょうゆう》だったのかもしれません。ステゴサウルスの防衛《ぼうえい》の武器《ぶき》は尻尾《しっぽ》の固《かた》

ステゴサウルスに 貫《つらぬ》かれたあとあり 死闘《しとう》を繰《く》り広《ひろ》げた両雄《りょうゆう》!?

強靭《きょうじん》なあごと
するどい
ギザギザの歯《は》

アロサウルス
Allosaurus

●**種類**	竜盤類・獣脚類
●**生息期間**	ジュラ紀後期
●**全長**	8～12m
●**生息地**	アメリカ、ポルトガル、タンザニア
●**食物**	肉食
●**名前の由来**	異なるトカゲ

いトゲでした。

アロサウルスは大《おお》きな脳《のう》と強靭《きょうじん》なあごと首《くび》をもち、歯《は》はギザギザのあるナイフの形《かたち》で、獲物《えもの》を捕《と》らえ皮膚《ひふ》をちぎり切断《せつだん》することができました。さらに、首《くび》の力《ちから》で獲物《えもの》の肉《にく》を引《ひ》きちぎったようです。これによって相《あい》手《て》はショックと大量出血《たいりょうしゅっけつ》で動《うご》けなくなりました。ただし、歯《は》には骨《ほね》を砕《くだ》くほどの力《ちから》は、なかったようです。

前《まえ》あしは、ものをつかむことができ、するどいかぎづめを武器《ぶき》にしていました。

背《せ》にひれをもつ肉食恐竜《にくしょくきょうりゅう》

アクロカントサウルス

白亜紀《はくあき》の中期《ちゅうき》に北米大《ほくべいたい》陸《りく》で生息《せいそく》していた肉食恐竜《にくしょくきょうりゅう》です。大《おお》きさは12mで、当《とう》時《じ》北米大陸《ほくべいたいりく》では最大級《さいだいきゅう》の肉《にく》食恐竜《しょくきょうりゅう》でした。

首《くび》から尾《お》にかけてひれのような突起《とっき》がありました。名前《なまえ》の由来《ゆらい》も、極《きわ》めて高《たか》い(akros《アカロ》) 突起《とっき》(akantha《アカンタ》) のあるトカゲ (sauros《サウルス》) で

ひれの周《まわ》りには発達《はったつ》した筋肉《きんにく》！温度調節機能《おんどちょうせつきのう》だったのか!?

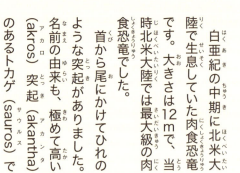

す。このひれは、ほかのひれをもつ恐竜同様《きょうりゅうどうよう》、温度調《おんどちょう》節器《せっき》として使《つか》われていたと考《かんが》えられています。

突起《とっき》の周《まわ》りの筋肉《きんにく》は発《はっ》達《たつ》していました。後《うし》ろあしもたくましかったようです。上下《じょうげ》のあごには内側《うちがわ》に曲《ま》がったギザギザの歯《は》が生《は》えていました。なお、テキサス州《しゅう》で見《み》つかったあしあとから、竜脚類《りゅうきゃくるい》の恐竜《きょうりゅう》を4頭《とう》のアクロカントサウルスが追《お》っかけていたことがわかりました。集団《しゅうだん》で狩《か》りをしていたのでしょうか。

アクロカントサウルス
Acrocanthosaurus

●種類	竜盤類・獣脚類
●生息期間	白亜紀中期
●全長	12m
●生息地	アメリカ
●食物	肉食
●名前の由来	高い突起をもつトカゲ

背中《せなか》のこぶはなんのため？

コンカベナトル

白亜紀《はくあき》の前期《ぜんき》に生息《せいそく》した全長《ぜんちょう》６ｍのアロサウルスのなかまです。スペインのクエンカの地層《ちそう》から発見《はっけん》されました。この恐竜《きょうりゅう》には、背中《せなか》の尻尾側《しっぽがわ》に山《やま》のようなこぶがあります。背中《せなか》からのびた神経《しんけい》トゲですが、なんのためにあったのかわかっていません。

こぶはエネルギー充電《じゅうでん》のバッテリー？それとも異性《いせい》へのアピール？

エネルギーをためておくバッテリーであったという説《せつ》もありますが、わかりません。ほかの恐竜《きょうりゅう》の突起《とっき》のように体温調節器《たいおんちょうせつき》であったり、異性《いせい》へのアピールのディスプレイだったりした可《か》能性《のうせい》もあります。

なお、このコンカベナトルには、前《まえ》あしの骨《ほね》に鳥《とり》がもつ小《ちい》さなこぶがありました。鳥《とり》の場合《ばあい》、そこは羽毛《うもう》の基部《きぶ》と見《み》られていて、同《おな》じくコンカベナトルにも羽《う》毛《もう》が生《は》えていた可能性《かのうせい》があることが指摘《してき》されています。

全長《ぜんちょう》は6mほど

コンカベナトル

Concavenator

●種類	竜盤類・獣脚類
●生息期間	白亜紀前期
●全長	6m
●生息地	スペイン
●食物	肉食
●名前の由来	クエンカ（スペインの地名）の背にこぶのある狩人

頭《あたま》にはトサカ状《じょう》の突起《とっき》が
グアンロング

ジュラ紀後期《きこうき》に生息《せいそく》していた原始的《げんしてき》なティラノサウルスのなかまです。体《からだ》には羽毛《うもう》が生《は》えていたと考《かんが》えられています。羽毛恐竜《うもうきょうりゅう》ディロングに近《ちか》いですが、それよりも前《まえ》の時代《じだい》に生息《せいそく》していました。

一番《いちばん》の特徴《とくちょう》は頭《あたま》のトサカ状《じょう》の突起《とっき》です。このトサカは薄《うす》くて弱《よわ》かったため、武《ぶ》器《き》としては役《やく》に立《た》たなかっ

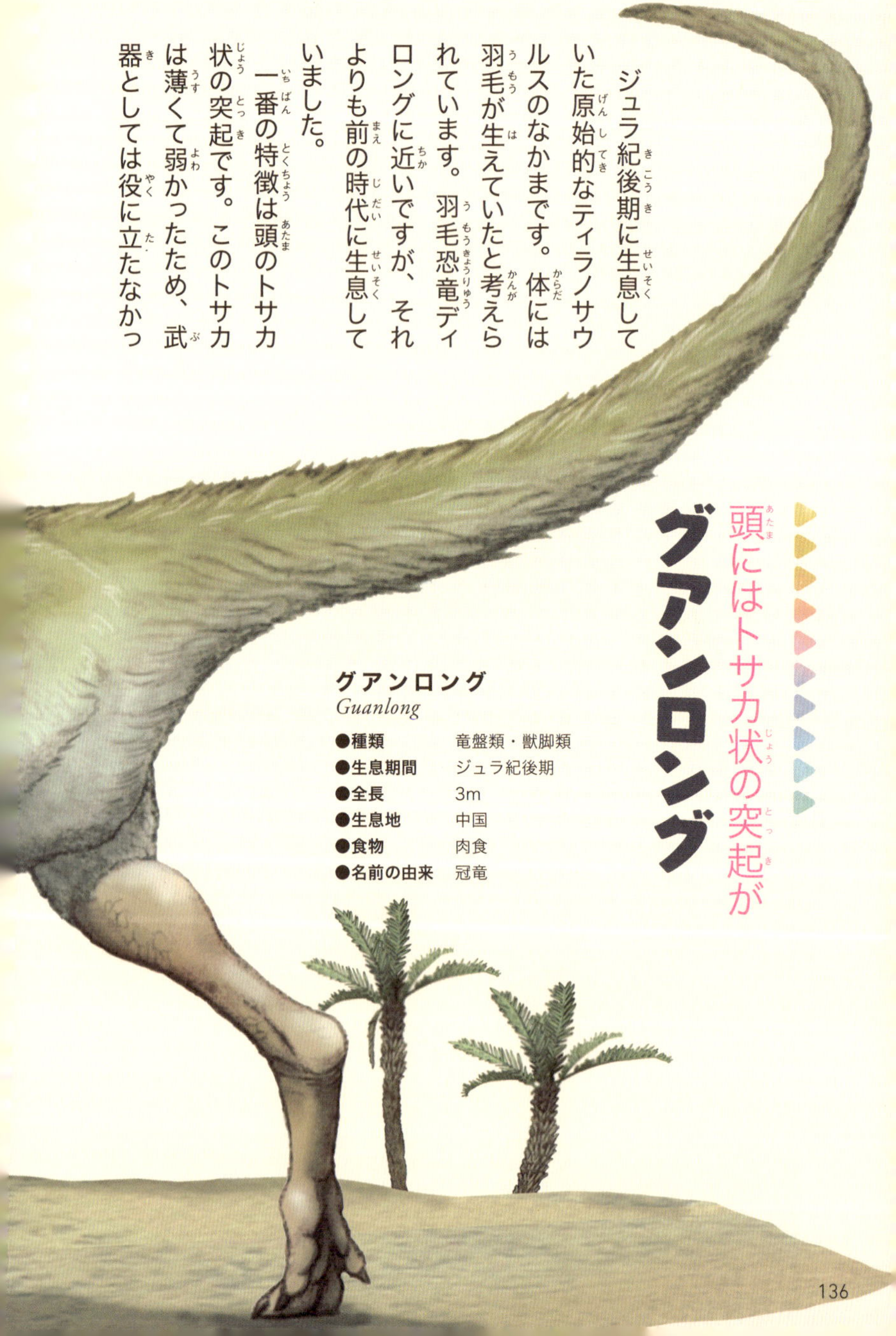

グアンロング
Guanlong

●**種類**	竜盤類・獣脚類
●**生息期間**	ジュラ紀後期
●**全長**	3m
●**生息地**	中国
●**食物**	肉食
●**名前の由来**	冠竜

たと思《おも》われます。異性《いせい》へのアピールだったのでしょう。発掘《はっくつ》された化石《かせき》から推測《すいそく》するに、成長《せいちょう》するにつれて大《おお》きくなったようです。名前《なまえ》のグアンロングもこのトサカから来《き》ており、冠竜《かんむりりゅう》を意《い》味《み》する中国語《ちゅうごくご》です。

グアンロングはティラノサウルスのなかまですが、前《まえ》あしはティラノサウルスと比較《ひかく》すると相対的《そうたいてき》に長《なが》かったようです。目立《めだ》つ3本《ぼん》の指《ゆび》もありました。

ティラノサウルスの祖先《そせん》!? 体《からだ》に羽毛《うもう》が生《は》えていた!?

スリムなティラノサウルス

アルバートサウルス

食事《しょくじ》の最中《さいちゅう》に歯《は》が折《お》れてもすぐに次《つぎ》の歯《は》が生《は》えた⁉

ティラノサウルスをひとまわり小型《こがた》にして、スリムにした恐竜《きょうりゅう》がアルバートサウルスです。スリムな体《からだ》でしたから、走《はし》るのも速《はや》かったと思《おも》われます。時速《じそく》は30㎞ほどでした。前《まえ》あしは短《みじか》く指《ゆび》は2本《ほん》でした。ただし、この前《まえ》あしは何《なに》に使《つか》われていたのかわかっていません。相手《あいて》を捕《つか》まえるには短《みじか》すぎました。

アルバートサウルスの化石《かせき》は同《おな》じ場所《ばしょ》で12体《たい》も見《み》つかっていることから、集団《しゅうだん》でくらしていたと考《かんが》えられています。狩《か》りも集団《しゅうだん》で行《おこな》っていた可能性《かのうせい》があります。

なお、アルバートサウルスの歯《は》は強靭《きょうじん》なだけでなく、食《た》べている獲物《えもの》が暴《あば》れて歯《は》が折《お》れても、次《つぎ》の歯《は》が下《した》に用意《ようい》されていました。この恐竜《きょうりゅう》に一旦《いったん》食《く》いつかれたら、ジタバタしても逃《に》げられなかったようです。

細《ほそ》めの体《からだ》でも、集団《しゅうだん》なら脅威《きょうい》！

短《みじか》い前《まえ》あしは何《なに》に使《つか》われていたのか不明《ふめい》！

歯《は》が折《お》れても、予備《よび》の歯《は》があった！食《く》いつかれたら逃《に》げられない!?

アルバートサウルス

Albertosaurus

●種類	竜盤類・獣脚類
●生息期間	白亜紀後期
●全長	9m
●生息地	カナダ、アメリカ
●食物	肉食
●名前の由来	アルバータ（カナダの地名）のトカゲ

最強《さいきょう》で最恐《さいきょう》の肉食恐竜《にくしょくきょうりゅう》

ティラノサウルス

肉食恐竜《にくしょくきょうりゅう》のなかで最強《さいきょう》で最恐《さいきょう》の恐竜《きょうりゅう》といえば、ティラノサウルスです。ティラノは暴君《ぼうくん》をあらわす言葉《ことば》で、まさしく北《きた》アメリカの暴君《ぼうくん》的恐竜《てききょうりゅう》でした。

特徴《とくちょう》は強力《きょうりょく》なあごと歯《は》。ジュラ紀《き》の肉食恐竜《にくしょくきょうりゅう》、アロサウルスの歯《は》はやや細《ほそ》く、骨《ほね》まで砕《くだ》くことはできませんでしたが、ティラノサウルスはあごの力《ちから》と太《ふと》い歯《は》で、獲物《えもの》の骨《ほね》まで砕《くだ》くことができました。

ティラノサウルスは前《まえ》あしが短《みじか》く、脳《のう》もより大《おお》きく発達《はったつ》していました。そのため、視覚《しかく》や聴覚《ちょうかく》もよく、小《ちい》さな群《む》れをつくっていたともいわれています。また、子《こ》どものころには羽毛《うもう》が生《は》えていたとも考《かんが》えられています。

視覚《しかく》も
聴覚《ちょうかく》も発達《はったつ》！
脳《のう》が発達《はったつ》し、ものを
立体《りったい》で見《み》ることが可能《かのう》！
極端《きょくたん》に
小《ちい》さな前《まえ》あし！

知能《ちのう》も高《たか》く、強力《きょうりょく》なあごで獲物《えもの》の骨《ほね》まで噛《か》み砕《くだ》く!?

ティラノサウルス

Tyrannosaurus

- **●種類**　竜盤類・獣脚類
- **●生息期間**　白亜紀後期
- **●全長**　12～13m
- **●生息地**　カナダ、アメリカ
- **●食物**　肉食
- **●名前の由来**　暴君トカゲ

オルニトミムス
Ornithomimus

●**種類**　竜盤類・獣脚類
●**生息期間**　白亜紀後期
●**全長**　3.8 〜 4.8m
●**生息地**　カナダ、アメリカ
●**食物**　植物食
●**名前の由来**　鳥に似たもの

オルニトミムス

鳥《とり》もどきの最速恐竜《さいそくきょうりゅう》

　ダチョウのような小《ちい》さい頭《あたま》に長《なが》い首《くび》、そして長《なが》い後《うし》ろあしをもつオルニトミムス。この長《なが》いあしで、かなり速《はや》く走《はし》ることができ恐竜《きょうりゅう》一《いち》のスピードをもっていたようです。名前《なまえ》も鳥《とり》(ornitho《オルニト》)もどき(mimos《ミムス》)です。まさしく現代《げんだい》のダチョウのように翼《つばさ》をもっていましたが、飛《と》ぶことはできなかったと考《かんが》えられています。

　翼《つばさ》は子《こ》どもにはなく、体《からだ》を温《あたた》めるだけの羽毛《うもう》しかありません。翼《つばさ》はおとなになるとできるのです。そのため、翼《つばさ》は飛《と》ぶものではなく、メスへのアピールや卵《たまご》を温《あたた》めるために使《つか》われたと考《かんが》えられています。

　この恐竜《きょうりゅう》には、くちばしがあり植物食恐竜《しょくぶつしょくきょうりゅう》だったようです。そのため、肉食恐《にくしょくきょう》竜《りゅう》から逃《に》げるために、あしが速《はや》くなったと考《かんが》えられています。

恐竜一《きょうりゅういち》のスピードも肉食恐竜《にくしょくきょうりゅう》から逃《のが》れるため!?

ダチョウのような長《なが》い首《くび》と長《なが》いあし！
前《まえ》あしには飛《と》べない翼《つばさ》があった！

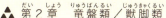

ディノケイルス

巨大《きょだい》な手《て》をもつなぞの恐竜《きょうりゅう》!?

長《なが》い間《あいだ》、巨大《きょだい》な手《て》ということ以外《いがい》は、なぞの恐竜《きょうりゅう》でしたが、最近《さいきん》の発掘《はっくつ》でやっとその正体《しょうたい》が判明《はんめい》しました。背中《せなか》には大《おお》きな帆《ほ》があり、あごの先《さき》は平《ひら》たいくちばしで、前《まえ》あしには翼《つばさ》があった可能性《かのうせい》もあります。

背中《せなか》の帆《ほ》はほかの恐竜《きょうりゅう》と同《おな》じく体温調節《たいおんちょうせつ》か、メスへ

のアピールに使《つか》われていたのでしょう。平《ひら》たいくちばしで、魚《さかな》を捕《と》らえたり、植《しょく》物《ぶつ》を食《た》べていました。雑《ざっ》食《しょく》性《せい》だったようです。

胃《い》の部分《ぶぶん》からは1000を超《こ》える石《いし》が見《み》つかっており、植物《しょくぶつ》の消化《しょうか》を助《たす》けていたようです。石《いし》があると植《しょく》物《ぶつ》と胃《い》の中《なか》でこすれあって植《しょく》物《ぶつ》が消化《しょうか》しやすくなります。さらに胃《い》からは魚《さかな》のうろこや骨《ほね》も見《み》つかっています。

体《からだ》には羽毛《うもう》が生《は》えていました。前《まえ》あしは長《なが》く、長《なが》いかぎづめもありました。

なぞが解明《かいめい》！ 平《ひら》たいくちばしで雑食性《ざっしょくせい》の獣脚類《じゅうきゃくるい》

デイノケイルス

Deinocheirus

●種類	竜盤類・獣脚類
●生息期間	白亜紀後期
●全長	11m
●生息地	モンゴル
●食物	植物食・肉食
●名前の由来	恐ろしい手

大鎌《おおかま》をもつ恐竜《きょうりゅう》
テリジノサウルス

90cmにもおよぶ巨大《きょだい》なかぎづめ！

大鎌《おおがま》（therizo《テリジノ》）のトカゲ（sauros《サウルス》）と名《な》づけられた獣脚類《じゅうきゃくるい》の恐竜《きょうりゅう》です。そもそも、発見《はっけん》されたのが、2・5mにもおよぶ長《なが》いあしと巨大《きょだい》なかぎづめしかなく、大鎌《おおがま》と名《な》づけるしかなかったのでしょう。この巨大《きょだい》なかぎづめは90㎝もの長《なが》さでした。

見《み》つかったのは、腕《うで》だけのため、なぞの多《おお》い恐竜《きょうりゅう》です。巨大《きょだい》なかぎづめも何《なに》に使《つか》われたのか不明《ふめい》です。

テリジノサウルスは全長《ぜんちょう》11mの大型植物食恐竜《おおがたしょくぶつしょくきょうりゅう》と考《かんが》えられています。発見場所《はっけんばしょ》はモンゴルです。テリジノサウルスが生《い》きた時代《じだい》のアジアでは、角竜《つのりゅう》のトリケラトプスのような大型《おおがた》の植物食《しょくぶつしょく》恐竜《きょうりゅう》は見《み》つかっていません。この時代《じだい》のアジアでは大型《おおがた》の植物食恐竜《しょくぶつしょくきょうりゅう》は獣脚類《じゅうきゃくるい》が占《し》めていたのでしょう。

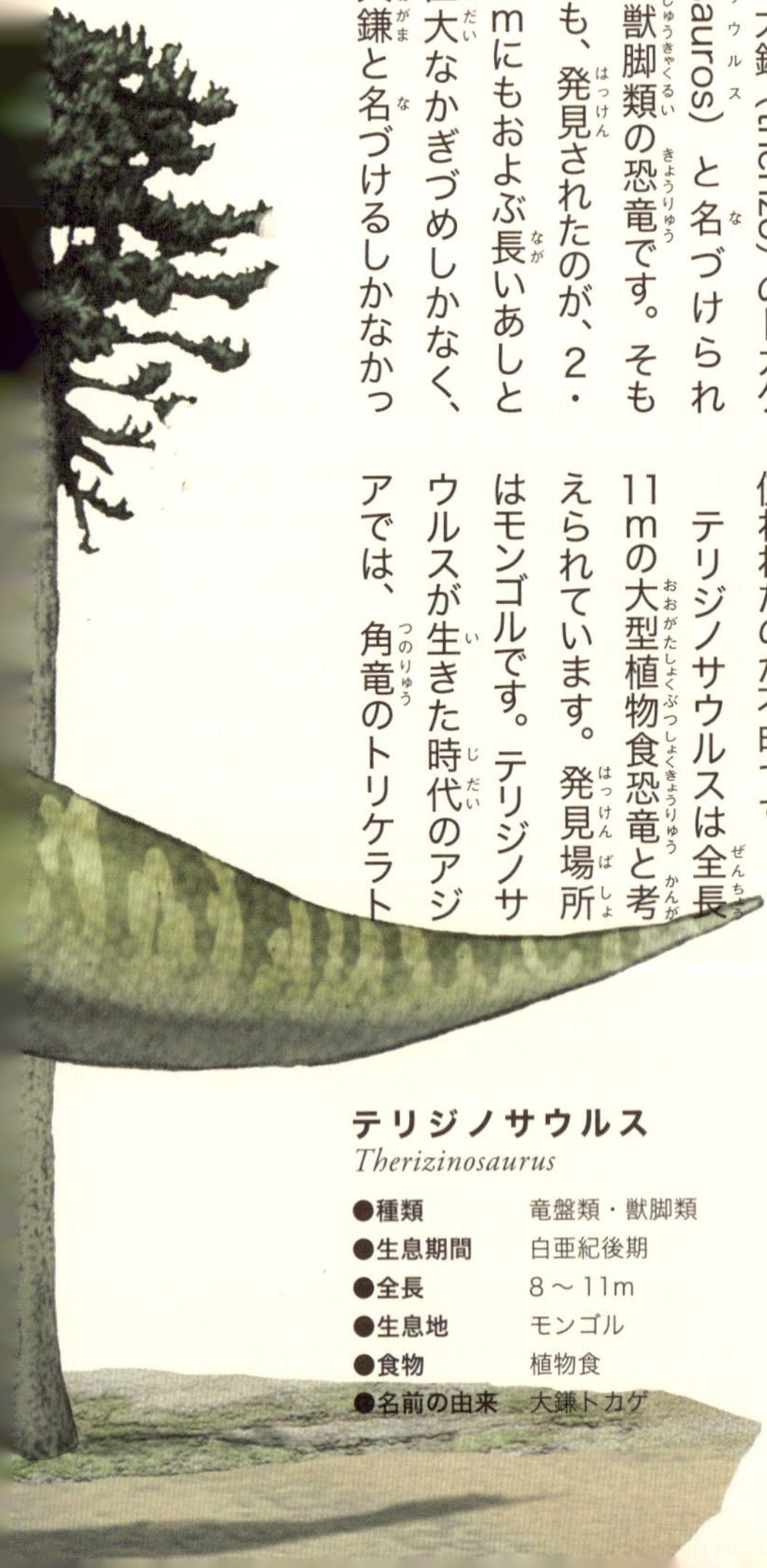

テリジノサウルス
Therizinosaurus

- ●種類　竜盤類・獣脚類
- ●生息期間　白亜紀後期
- ●全長　8～11m
- ●生息地　モンゴル
- ●食物　植物食
- ●名前の由来　大鎌トカゲ

2・5mの長《なが》い前《まえ》あしと巨大《きょだい》なかぎづめしか見《み》つかっていない恐竜《きょうりゅう》

かぎづめが前《まえ》あし！

モノニクス

前《まえ》あしは1本《ぽん》のかぎづめ。非常《ひじょう》に特徴的《とくちょうてき》ですが、この短《みじか》い前《まえ》あしは土《つち》を掘《ほ》るのに適《てき》していました。何《なに》を食《た》べていたのかはっきりしませんが、シロアリを食《た》べていたという説《せつ》があります。前《まえ》あしでシロアリの巣《す》を壊《こわ》して、あらわれたシロアリを食《た》べていたというのです。

獣脚類《じゅうきゃくるい》の中《なか》で鳥《とり》に一番近《いちばんちか》い恐竜《きょうりゅう》

モノニクスはアルバレッツサウルスのなかまです。このなかまは1本《ぽん》のかぎづめと長《なが》く細《ほそ》いあしをもっていました。獣脚類《じゅうきゃくるい》の中《なか》でも鳥《とり》に一番近《いちばんちか》い恐竜《きょうりゅう》とされています。1本《ぽん》のかぎづめは、もともと3本《ぼん》だったものが、ほかの2本《ほん》が退化《たいか》してあまりに短《みじか》かったので1本《ぽん》にしか見《み》えなくなったものです。

モノニクスはその1本《ぽん》のかぎづめがより進化《しんか》（2本《ほん》が退化《たいか》）した種《しゅ》です。前《まえ》あしの翼《つばさ》もほとんどありませんでした。

モノニクス
Mononykus

- **●種類**　竜盤類・獣脚類
- **●生息期間**　白亜紀後期
- **●全長**　1m
- **●生息地**　モンゴル、中国
- **●食物**　肉食
- **●名前の由来**　1本のつめ

シロアリを食《た》べるために進化《しんか》!?前《まえ》あしのかぎづめ

すでにあった
オスとメスの分業《ぶんぎょう》！
鳥類《ちょうるい》のような恐竜《きょうりゅう》

ヒマラヤの守護神《しゅごしん》

シティパティ

シティパティは獣脚類《じゅうきゃくるい》のオビラプトルのなかまで、鼻《はな》の上《うえ》にトサカがあり、このなかま特有《とくゆう》の鳥《とり》のような翼《つばさ》をもっていました。白亜《はくあ》紀後期《きこうき》の恐竜《きょうりゅう》です。

大《おお》きさは人間《にんげん》より少《すこ》し大《おお》きい程度《ていど》の２・１ｍ。この恐竜《きょうりゅう》が発見《はっけん》されたのはゴビ砂漠《さばく》です。発見《はっけん》されたとき、

オスが卵《たまご》を
温《あたた》めていた！
鼻《はな》の上《うえ》には
トサカが！
前《まえ》あしは翼《つばさ》に！

シティパティ
Citipati

●**種類**　竜盤類・獣脚類
●**生息期間**　白亜紀後期
●**全長**　2.1m
●**生息地**　モンゴル
●**食物**　植物食
●**名前の由来**　葬儀の主

化石《かせき》は巣《す》で卵《たまご》を温《あたた》めているような格好《かっこう》でした。折《お》りたたまれた後《うし》ろあしの間《あいだ》と体《からだ》の下《した》には推定《すいてい》22個《こ》の卵《たまご》がありました。きっと卵《たまご》を温《あたた》めている間《あいだ》に砂嵐《すなあらし》にあって、そのまま砂《すな》にうずもれてしまったのでしょう。シティパティとは火葬用《かそうよう》のマキを守《まも》るヒマラヤの守護神《しゅごしん》のことです。卵《たまご》は体《からだ》の大《おお》きいオスが温《あたた》めていたようです。そのため、この恐竜《きょうりゅう》は鳥類《ちょうるい》のように、オスとメスとの分業《ぶんぎょう》を行《おこな》っていたと考《かんが》えられています。

頬骨《ほおぼね》は広《ひろ》く、
鳥《とり》とは違《ちが》う！
前《まえ》あしには
飛《と》べない
翼《つばさ》が！
尻尾《しっぽ》の
先端《せんたん》には
過剰《かじょう》なかざり

メスへのアピールか!? 過剰《かじょう》な尻尾《しっぽ》のかざり

カウディプテリクス

前《まえ》あしに翼《つばさ》、尻尾《しっぽ》に派手《はで》なかざり

カウディプテリクス
Caudipteryx

●種類	竜盤類・獣脚類
●生息期間	白亜紀前期
●全長	1m
●生息地	中国
●食物	植物食
●名前の由来	尾にある羽根

白亜紀《はくあき》の前期《ぜんき》に生息《せいそく》した獣脚類《じゅうきゃくるい》の恐竜《きょうりゅう》です。オビラプトルのなかまで中国《ちゅうごく》で見《み》つかりました。名前《なまえ》の意味《いみ》は尾《お》にある羽根《はね》。名前《なまえ》どおり、尻尾《しっぽ》の先《さき》には派手《はで》なかざりがありました。これはオスによるメスへのアピール、ディスプレイと考《かんが》えられています。全長《ぜんちょう》は1m。あしは長《なが》く二足歩行《にそくほこう》で、この後《うし》ろあしでかなり速《はや》く走《はし》っていたと推測《すいそく》されています。

前《まえ》あしには翼《つばさ》がありました。ただし、体《からだ》に比《くら》べて小《ちい》さくて飛《と》ぶことはできなかったと思《おも》われます。翼《つばさ》の先《さき》には3本《ぼん》のかぎづめをもつ指《ゆび》がありました。

頬骨《ほおぼね》は広《ひろ》く、鳥《とり》とは違《ちが》う顔《かお》つきでした。上《うわ》あごに数《すう》本《ほん》の歯《は》があり、植物《しょくぶつ》を食《た》べていたと考《かんが》えられています。胃《い》の化石《かせき》からは植物《しょくぶつ》を消化《しょうか》する「胃石《いせき》」が見《み》つかっています。

ティラノサウルスに迫《せま》る体高《たいこう》!? もっと大《おお》きかった可能性《かのうせい》も

ギガントラプトル
Gigantoraptor

- ●**種類**　竜盤類・獣脚類
- ●**生息期間**　白亜紀後期
- ●**全長**　8m
- ●**生息地**　中国
- ●**食物**　植物食
- ●**名前の由来**　巨大などろぼう

巨大《きょだい》なオビラプトルのなかま

ギガントラプトル

名前《なまえ》の意味《いみ》は巨大《きょだい》などろぼう。小柄《こがら》な恐竜《きょうりゅう》が多《おお》いオビラプトルのなかまでは、最大《さいだい》の恐竜《きょうりゅう》です。全長《ぜんちょう》は8mですが、体高《たいこう》は5mにもなり、ティラノサウルスに迫《せま》る高《たか》さでした。さらに、見《み》つかった化石《かせき》はまだ成長《せいちょう》している途中《とちゅう》の恐竜《きょうりゅう》で、もっと大《おお》きくなったとする考《かん》えもあります。ただし、体《からだ》の割《わり》には体重《たいじゅう》が軽《かる》かったようです。

獣脚類《じゅうきゃくるい》ですが、くちばしがあり、歯《は》はありませんでした。そのため植物食恐竜《しょくぶつしょくきょうりゅう》だと思《おも》われています。オビラプトル同様《どうよう》、卵《たまご》を抱《だ》いて温《あたた》めていたと考《かん》えられており、アジアや北米《ほくべい》から見《み》つかっている60㎝まで達《たっ》する巨大《きょだい》な卵《たまご》（マクロエロンガウウリトゥス）は、ギガントラプトルのような巨大《きょだい》なオビラプトルのものだと考《かん》えられています。

くちばしがあるが、
歯《は》はない！
前《まえ》あしには
翼《つばさ》があり、
かぎづめも！
最大《さいだい》の
オビラプトルの
なかま。名前《なまえ》は
巨大《きょだい》などろぼう！

丸《まる》くなって寝《ね》たまま化石《かせき》に

メイ

あしを折《お》りたたんで首《くび》を曲《ま》げ、頭《あたま》を前《まえ》あしにのせ、くちばしをあしの間《あいだ》に入《い》れ、静《しず》かに眠《ねむ》っているのがメイ。この状態《じょうたい》で発見《はっけん》されました。小型獣脚類《こがたじゅうきゃくるい》の恐竜《きょうりゅう》で、トロオドンのなかまです。大《おお》きさはアヒルほどしかありませんでした。

体《からだ》を丸《まる》めて寝《ね》ている状態《じょうたい》で化石《かせき》になったメイの姿《すがた》は、現在《げんざい》の鳥類《ちょうるい》が休《やす》む姿《すがた》に似《に》ています。体《からだ》を丸《まる》めるのは、体《からだ》の大気《たいき》に触《ふ》れる部分《ぶぶん》を少《すく》なくするためです。大気《たいき》に触《ふ》れなければ、外《そと》は冷《つめ》たくても体温《たいおん》は落《お》ちません。ということは、このメイは体《からだ》が温《あたた》かい恐竜《きょうりゅう》だった可能性《かのうせい》があります。また、鳥類《ちょうるい》は恐竜《きょうりゅう》であるという学説《がくせつ》の証《しょう》拠《こ》ともなるものです。

メイはトロオドンのなかまです。そのため、トロオドンも体《からだ》が温《あたた》かい恐竜《きょうりゅう》だった可能性《かのうせい》もあります。

名前《なまえ》も
「静《しず》かに眠《ねむ》っている」
メイ（Mei）だ！

メイ
Mei

- **●種類**　竜盤類・獣脚類
- **●生息期間**　白亜紀前期
- **●全長**　0.5m
- **●生息地**　中国
- **●食物**　植物食・肉食
- **●名前の由来**　静かに眠っている

丸《まる》くなって
体《からだ》を温《あたた》めた!?

大《おお》きさは
アヒルほど！

全身《ぜんしん》に羽毛《うもう》が
あった！

前《まえ》を向《む》いた大《おお》きな目《め》で しっかり距離《きょり》をはかって 獲物《えもの》を襲《おそ》う!

トロオドン
Troodon

●**種類**　竜盤類・獣脚類
●**生息期間**　白亜紀後期
●**全長**　2m
●**生息地**　アメリカ、カナダ
●**食物**　肉食
●**名前の由来**　傷つける歯

ものを立体的《りったいてき》にとらえる目《め》
トロオドン

トロオドンは体《からだ》の大《おお》きさの割《わり》には脳《のう》が大《おお》きく、その割合《わりあい》から「もっともかしこい恐竜《きょうりゅう》」だったと考《かんが》えられています。前《まえ》を向《む》いた大《おお》きな目《め》は、ものを立体的《りったいてき》に見《み》ることができたといわれています。そのため、獲物《えもの》までの距離《きょり》を正確《せいかく》にはかり、捕《と》らえることができました。

そして、トロオドンの後《うし》ろあしの第《だい》2指《し》には、大《おお》きなかぎづめがありました。大《おお》きな目《め》で見極《みきわ》めた獲物《えもの》を、このかぎづめで捕《つか》まえたのでしょう。

トロオドンは肉食恐竜《にくしょくきょうりゅう》でした。歯《は》は体《からだ》に比《くら》べて小《ちい》さいですが、歯《は》の縁《ふち》のギザギザは比較的《ひかくてき》大《おお》きく、とくに後《うし》ろの歯《は》のほうが大《おお》きいのが特徴《とくちょう》でした。また、歯《は》の特徴《とくちょう》がイグアナにも似《に》ていることから、植物《しょくぶつ》も食《た》べる雑食性《ざっしょくせい》だったと考《かんが》える研究《けんきゅう》者《しゃ》もいます。

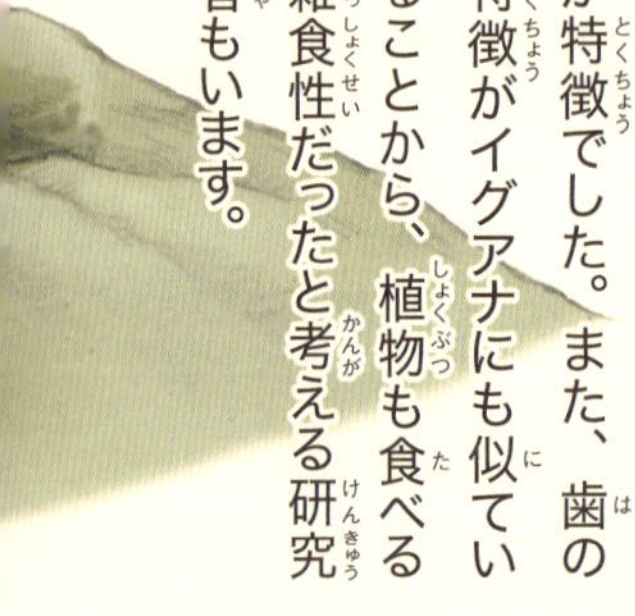

雑食性《ざっしょくせい》だったと
考《かんが》える研究者《けんきゅうしゃ》も
脳《のう》は大《おお》きく
「もっとも
かしこい恐竜《きょうりゅう》」！
あしの第《だい》2指《し》の
大《おお》きなかぎづめで
獲物《えもの》をキャッチ！

するどいかぎづめを、獲物《えもの》に突《つ》き刺《さ》し回転《かいてん》させて肉《にく》に食《く》いこます

デイノニクス
Deinonychus

●種類	竜盤類・獣脚類
●生息期間	白亜紀前期
●全長	3.4m
●生息地	アメリカ
●食物	肉食
●名前の由来	恐ろしいつめ

集団《しゅうだん》で大型植物食恐竜《おおがたしょくぶつしょくきょうりゅう》を襲《おそ》った!?

デイノニクス

白亜紀前期《はくあきぜんき》の肉食恐竜《にくしょくきょうりゅう》ドロマエオサウルスのなかまです。知能《ちのう》が高《たか》く、集団《しゅうだん》で狩《か》りをしていたと考《かんが》える学《がく》者《しゃ》もいます。

目《め》は大《おお》きく、体《からだ》は羽毛《うもう》で覆《おお》われていたようです。獲《え》物《もの》を襲《おそ》うときの最大《さいだい》の武器《ぶき》は後《うし》ろあしにある13㎝ものかぎづめ。全長《ぜんちょう》が3・4m

尾《お》は硬《かた》く
まっすぐに
たもたれて
いた！
知能《ちのう》が高《たか》く、
テノントサウルス
を襲《おそ》った!?
普段《ふだん》は
上《うえ》にもち上《あ》げ
られていた
あしのかぎづめ！

ほどでしたから、かなり大《おお》きなかぎづめでした。このかぎづめを獲物《えもの》に突《つ》き刺《さ》し、回転《かいてん》させて肉《にく》に食《く》いこませます。そして、引《ひ》きちぎるのです。獲物《えもの》は出血多量《しゅっけつたりょう》で倒《たお》れるか、あるいは生《い》きたまま食《た》べられたでしょう。

このかぎづめは、普段《ふだん》は地面《じめん》に当《あ》たらないよう上《うえ》にもち上《あ》げられていました。獲物《えもの》を襲《おそ》うときにするどいままで使《つか》うためです。そして、硬《かた》く上《うえ》に向《む》いた尾《お》でバランスをとり、獲物《えもの》を追《お》いかけたのです。

短《みじか》い羽毛《うもう》で覆《おお》われた体《からだ》

アキロバーター

短《みじか》い羽毛《うもう》で覆《おお》われた体《からだ》は大《おお》きく、ドロマエオサウルスのなかまの中《なか》では最大級《さいだいきゅう》でした。全長《ぜんちょう》が6mにもなりました。白亜紀前期《はくあきぜんき》にはアメリカのユタ州《しゅう》で発見《はっけん》されたユタラプトルという全《ぜん》長《ちょう》7mのドロマエオサウルスのなかまがいますが、白《はく》亜紀《あき》の後期《こうき》に生息《せいそく》していた

かぎづめを使《つか》うために発達《はったつ》したアキレス腱《けん》

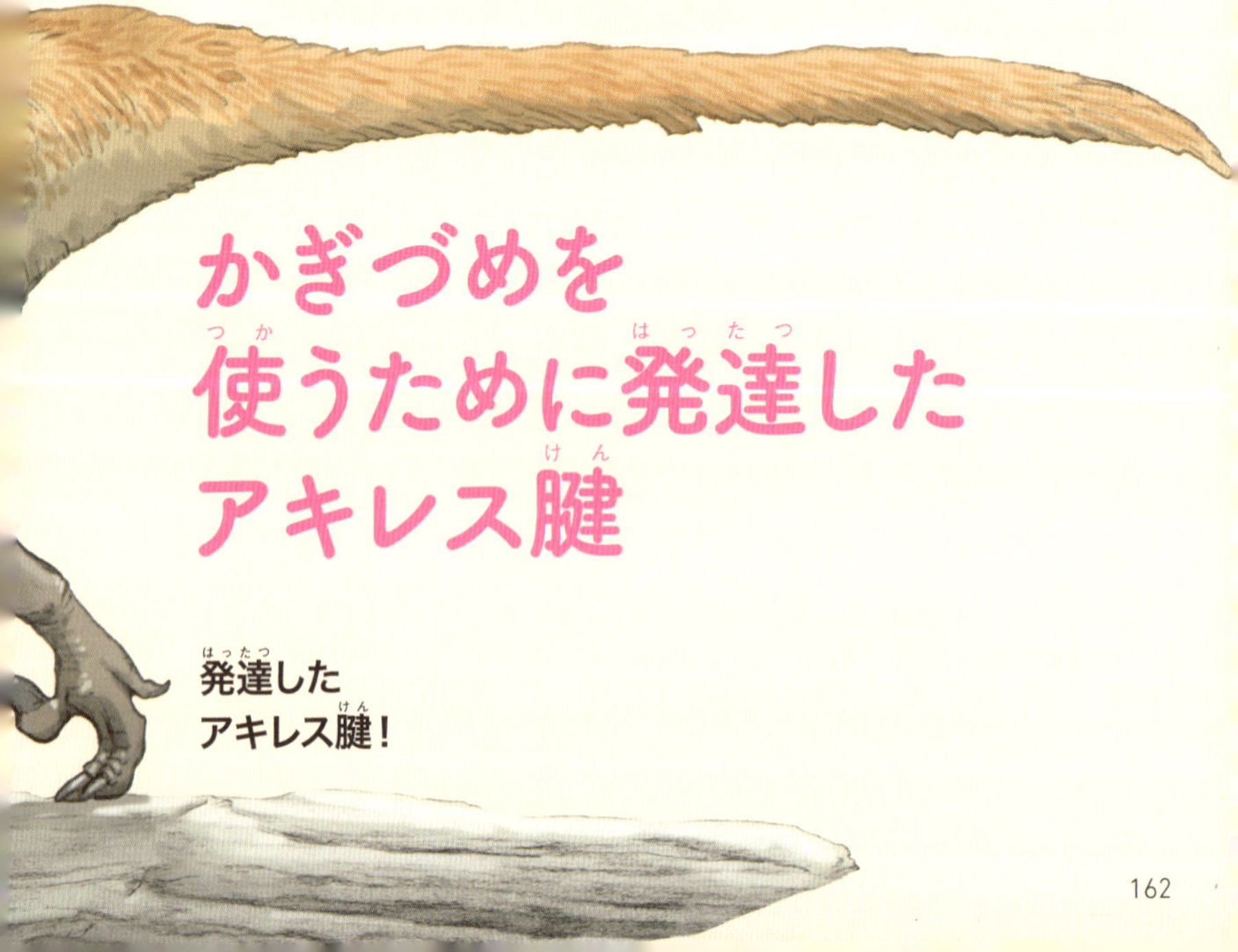

なかまの中《なか》では最大《さいだい》です。

そもそもドロマエオサウルスのなかまは、ドロマエオサウルスが1・8mとあまり大《おお》きくなく、飛行《ひこう》ができたというミクロラプトルにいたっては80㎝ほどしかありませんでした。

このアキロバーターの後《うし》ろあしには大《おお》きなかぎづめがあり、これで獲物《えもの》を捕《つか》まえていたようです。名前《なまえ》の由来《ゆらい》にもなっているアキレス腱《けん》は、このかぎづめをささえるために発達《はったつ》したと考《かんが》えられています。

アキロバーター
Achillobator

●**種類**	竜盤類・獣脚類
●**生息期間**	白亜紀後期
●**全長**	6m
●**生息地**	モンゴル
●**食物**	肉食
●**名前の由来**	アキレス（ギリシャ神話の登場人物の名）

ベロキラプトル
Velociraptor

●種類	竜盤類・獣脚類
●生息期間	白亜紀後期
●全長	1.8m
●生息地	モンゴル、中国
●食物	肉食
●名前の由来	すばやいどろぼう

化石《かせき》に残《のこ》ったベロキラプトル対《たい》プロトケラトプスの死闘《しとう》

軽《かる》い体《からだ》を生《い》かして獲物《えもの》を倒《たお》す ベロキラプトル

ベロキラプトルの全長《ぜんちょう》は1・8mと小柄《こがら》ですが、顔《かお》も細長《ほそなが》く全体《ぜんたい》に軽《かる》い体重《たいじゅう》でした。そのため、すばやい動《うご》きで獲物《えもの》を襲《おそ》いました。

1971年《ねん》、モンゴルの南中央部《みなみちゅうおうぶ》で見《み》つかった化石《かせき》があります。それはこのベロキラプトルが、植物食恐《しょくぶつしょくきょう》竜《りゅう》の原始的《げんしてき》な角竜《つのりゅう》であるプロトケラトプスを捕獲《ほかく》する瞬間《しゅんかん》の化石《かせき》だったのです。プロトケラトプスのフリルをつかみ、後《うし》ろあしのかぎづめを首《くび》に刺《さ》しているところでした。

では、なぜこのような化《か》石《せき》ができたのでしょうか。砂嵐《すなあらし》に巻《ま》きこまれたのか、砂丘《さきゅう》の山《やま》が崩《くず》れて埋《う》まってしまったのか、同時《どうじ》に溺《おぼ》れ死《じ》んだのか、それは不明《ふめい》です。しかし、この化石《かせき》によって、ベロキラプトルはどのように獲物《えもの》を捕《つか》まえていたのかわかりました。

風《かざ》きり羽根《ばね》でグライダーのように滑空《かっくう》した恐竜《きょうりゅう》

ミクロラプトル
Microraptor

●**種類**	竜盤類・獣脚類
●**生息期間**	白亜紀前期
●**全長**	0.8m
●**生息地**	中国
●**食物**	肉食
●**名前の由来**	小さなどろぼう

ミクロラプトル

大《おお》きさは80㎝と小型《こがた》

ドロマエオサウルスのなかまですが、4本《ほん》の足《あし》に風《かざ》きり羽根《ばね》（翼《つばさ》）があり、飛《と》ぶことができたと考《かんが》えられています。ただし、鳥《とり》の場《ば》合《あい》、翼《つばさ》は前《まえ》にしかなく、後《うし》ろあしにはありません。そのため、鳥《とり》のように前《まえ》の翼《つばさ》を羽《は》ばたかせるのではなく、木《き》から木《き》へ、グライダーのように翼《つばさ》を広《ひろ》げて滑空《かっくう》していたようです。

このミクロラプトルの大《おお》きさは80㎝ほどと、小型《こがた》の恐竜《きょうりゅう》です。発見《はっけん》された場《ば》所《しょ》は中国《ちゅうごく》の遼寧省《りょうねいしょう》で、白《はく》亜紀前期《あきぜんき》に生息《せいそく》していました。このミクロラプトルの色《いろ》は黒色《くろいろ》だったようです。300を超《こ》える化石《かせき》が発見《はっけん》されていますが、その分析《ぶんせき》の結果《けっか》、羽毛《うもう》の色《いろ》は黒色《くろいろ》だとわかりました。ただし、玉虫色《たまむしいろ》の光沢《こうたく》があり、光《ひかり》が反射《はんしゃ》して虹色《にじいろ》になったとされています。

両腕《りょううで》、両《りょう》あしの翼《つばさ》を広《ひろ》げて滑空《かっくう》!?
つめがカーブしてとがっていた！
羽根《はね》の色《いろ》は黒《くろ》、玉虫色《たまむしいろ》の光沢《こうたく》が！
木《き》の上《うえ》で生活《せいかつ》していたのだろう！

トサカは赤《あか》、体《からだ》は暗灰色《あんかいしょく》、翼《つばさ》は白地《しろじ》に黒《くろ》の模様《もよう》 全身《ぜんしん》の色《いろ》がわかった!

色《いろ》がわかった最初《さいしょ》の恐竜《きょうりゅう》 アンキオルニス

アンキオルニスはジュラ紀後期《きこうき》に生息《せいそく》した原始的《げんしてき》な鳥類《ちょうるい》のなかまです。保存状態《ほぞんじょうたい》のいい化石《かせき》が残《のこ》っていたことから、どんな色《いろ》だったのか分析《ぶんせき》することができました。

メラニン色素《しきそ》をふくむ細胞《さいぼう》の分布《ぶんぷ》を研究《けんきゅう》し、ほぼ全身《ぜんしん》の色《いろ》がわかったのです。トサカの色《いろ》は赤《あか》でした。体《からだ》は暗灰色《あんかいしょく》、翼《つばさ》は白色《しろいろ》で黒《くろ》のしま模様《もよう》がありました。

アンキオルニスは、空《そら》を飛《と》べたといわれている始祖《しそ》鳥《ちょう》よりも古《ふる》い地層《ちそう》から発見《はっけん》されています。羽毛《うもう》が全身《ぜんしん》にある小型《こがた》の恐竜《きょうりゅう》で頭《あたま》のトサカも羽毛《うもう》でした。当初《とうしょ》はトロオドンのなかまと考《かんが》えられていましたが、始祖鳥《しそちょう》に近《ちか》いとする説《せつ》も有力《ゆうりょく》です。

なお、アンキオルニスには翼《つばさ》がありました。それによって、浮力《ふりょく》を得《え》て空《そら》を飛《と》べた可能性《かのうせい》があります。

頭《あたま》の羽毛《うもう》が
トサカに！
空《そら》を飛《と》べた
可能性《かのうせい》も！
頬《ほほ》に赤《あか》い
斑点《はんてん》が！

アンキオルニス

Anchiornis

●種類	竜盤類・原始的な鳥類？
●生息期間	ジュラ紀後期
●全長	0.34m
●生息地	中国
●食物	肉食
●名前の由来	ほとんど鳥

恐竜《きょうりゅう》と鳥類《ちょうるい》との架《か》け橋《はし》

始祖鳥《しそちょう》

1861年《ねん》、ドイツのゾルンホーフェンで最初《さいしょ》の化《か》石《せき》が発見《はっけん》されました。骨格《こっかく》は小型《こがた》の獣脚類《じゅうきゃくるい》に似《に》ていましたが、翼《つばさ》があることがわかったのです。

翼《つばさ》の色《いろ》は黒色《くろいろ》だったようです。そして、その後《ご》の研《けん》究《きゅう》から翼《つばさ》は前《まえ》だけでなく後《うし》ろあしにもあったことがわかりました。なぜ、始祖鳥《しそちょう》は飛《と》べたといえるのでしょうか。それは、体《からだ》のバランスをとる三半規管《さんはんきかん》が、現在《げんざい》の鳥類《ちょうるい》と同《おな》じ、上下《じょうげ》のバランスをよく取《と》れるようになっていたからです。ただし、羽根《はね》の軸《じく》が弱《よわ》くて翼《つばさ》に強度《きょうど》がなく、滑空《かっくう》だけしていたという説《せつ》もあります。

この始祖鳥《しそちょう》は原始的《げんしてき》な鳥《ちょう》類《るい》ですが、現在《げんざい》の鳥《とり》の直接《ちょくせつ》の祖先《そせん》でないことが研究《けんきゅう》の結果《けっか》わかっています。しかし、恐竜《きょうりゅう》と鳥類《ちょうるい》との架《か》け橋《はし》といえる恐竜《きょうりゅう》なのです。

尾《お》は長《なが》く、
全長《ぜんちょう》は 50cm

翼《つばさ》で空《そら》を飛翔《ひしょう》！ だけど、直接《ちょくせつ》の鳥《とり》の先祖《せんぞ》ではない⁉

始祖鳥

Archaeopteryx

●**種類**　竜盤類・原始的な鳥類？
●**生息期間**　ジュラ紀後期
●**全長**　0.5m
●**生息地**　ドイツ
●**食物**　肉食
●**名前の由来**　始祖鳥

恐竜《きょうりゅう》の絶滅《ぜつめつ》

脅威《きょうい》の進化《しんか》をとげた恐竜《きょうりゅう》の紹介《しょうかい》は終《お》わりました。最後《さいご》に恐竜《きょうりゅう》の絶滅《ぜつめつ》について説明《せつめい》します。白亜紀《はくあき》の終《お》わり、いまから6600万年前《まんねんまえ》、突如《とつじょ》、恐竜《きょうりゅう》が地球《ちきゅう》から姿《すがた》を消《け》します。何《なに》が起《お》きたのでしょうか。

一番有力《いちばんゆうりょく》な説《せつ》が、いん石《せき》の衝突《しょうとつ》です。直径《ちょっけい》10㎞にもおよぶ巨大《きょだい》ないん石《せき》が、メキシコのユカタン半島《はんとう》に衝突《しょうとつ》しました。その威力《いりょく》は核爆弾数千個《かくばくだんすうせんこ》におよぶもので、直径《ちょっけい》160㎞にわたりクレーター（穴《あな》）をつくり、半《はん》径《けい》1000㎞にわたって地球上《ちきゅうじょう》のあらゆるものを破壊《はかい》し尽《つ》くしました。

破壊《はかい》されたものは一瞬《いっしゅん》にして蒸発《じょうはつ》し、毒《どく》ガスの雲《くも》とちりとなって地球《ちきゅう》上《じょう》を襲《おそ》いました。太陽《たいよう》の光《ひかり》はさえぎられ、世界《せかい》は闇《やみ》に包《つつ》まれたのです。新鮮《しんせん》な空気《くうき》は毒性《どくせい》の強《つよ》い空気《くうき》に変《か》わりました。衝突《しょうとつ》によって巨大《きょだい》な地震《じしん》も発生《はっせい》し、地球上《ちきゅうじょう》の海岸《かいがん》は巨大《きょだい》な大洪水《だいこうずい》に襲《おそ》われました。

これによって、１m以上《いじょう》の大《おお》きさをもつ動物《どうぶつ》はほとんど息絶《いきた》えてしまいました。恐竜《きょうりゅう》も同《おな》じように死滅《しめつ》してしまったのです。そして地球上《ちきゅうじょう》から恐竜《きょうりゅう》が消《き》えてなくなりました。

これが、いん石《せき》による恐竜絶滅《きょうりゅうぜつめつ》のお話《はなし》です。いまのところ、これが恐竜絶滅《きょうりゅうぜつめつ》のもっとも有力《ゆうりょく》な説《せつ》です。実際《じっさい》、メキシコのユカタン半島《はんとう》には巨大《きょだい》なクレーターが残《のこ》っています。

こんな恐《おそ》ろしい地球上《ちきゅうじょう》でも、生《い》き残《のこ》った動物《どうぶつ》がいました。それが哺乳類《ほにゅうるい》だったのです。そして次《つぎ》の地球上《ちきゅうじょう》の覇者《はしゃ》、人類《じんるい》が登場《とうじょう》してくるのです。

でもちょっと待《ま》ってください。恐竜《きょうりゅう》は完全《かんぜん》に絶滅《ぜつめつ》したのでしょうか？

実《じつ》は、恐竜《きょうりゅう》はいまでも生《い》きているのです。恐竜《きょうりゅう》は鳥類《ちょうるい》へと進化《しんか》し、そして、現在私《げんざいわたし》たちの身《み》の回《まわ》りにもすんでいます。カラスも恐竜《きょうりゅう》、インコも恐竜《きょうりゅう》、そしてニワトリも恐竜《きょうりゅう》。手羽先《てばさき》は恐竜《きょうりゅう》の前《まえ》あし、砂肝《すなぎも》は恐竜《きょうりゅう》の胃《い》、そして朝食《ちょうしょく》に出《で》てくる目玉焼《めだまや》きは恐竜《きょうりゅう》の卵《たまご》なんです。

この本《ほん》で紹介《しょうかい》した恐竜《きょうりゅう》は、鳥《とり》に進化《しんか》し損《そこ》なった〝ざんねんな恐竜《きょうりゅう》たち〟で、ざんねんじゃない恐竜《きょうりゅう》は、鳥《とり》に姿《すがた》を変《か》えいん石衝突《せきしょうとつ》の危機《きき》を乗《の》り越《こ》えて私《わたし》たち人間《にんげん》と一緒《いっしょ》にくらしているのです。

主な参考文献

『ヒミツにせまる！ 恐竜　もの知りデータＢＯＯＫ』（子ども科学研究会 著、メイツ出版株式会社、２０１７年７月）

『ニュートン 別冊　恐竜の種類，生態，進化がよくわかる！　ビジュアル恐竜事典』（株式会社ニュートンプレス、２０１７年１月）

『ナショナル ジオグラフィック 別冊６　恐竜がいた地球　２億５０００万年の旅にＧＯ！』（日経ナショナル ジオグラフィック社、２０１７年８月24日）

『大人の恐竜図鑑』（北村雄一 著、株式会社筑摩書房、２０１８年３月）

『ワンダーサイエンス　そうだったのか！　初耳恐竜学』（富田京一 著、株式会社小学館、２０１７年11月）

『太陽の地図帖　楽しい日本の恐竜案内』（石垣忍・林昭次 監修、土屋健 本文執筆、株式会社平凡社、２０１８年４月）

『講談社の動く図鑑ＭＯＶＥ　恐竜 新訂版』（小林快次 監修、株式会社講談社、２０１７年12月）

『別冊日経サイエンス２２０　よみがえる恐竜　最新研究が明かす姿』（真鍋真 編、株式会社日経サイエンス、日本経済新聞出版社、２０１７年６月）

『図解 ホモ・サピエンスの歴史』（人類史研究会 著・スーパーバイザー岡村道雄、株式会社宝島社、２０１７年７月）

監修

小林快次（こばやし・よしつぐ）

北海道大学総合博物館准教授・恐竜学者。１９７１年、福井県生まれ。小学生のころから化石発掘に没頭し、恐竜研究の道へ。横浜国立大学で1年学んだ後、渡米。１９９５年アメリカ・ワイオミング大学地質学地球物理学科卒業後、２００４年アメリカ・サザンメソジスト大学地球科学科で博士号を取得。２００５年から北海道大学に所属。２０１３年からは「むかわ竜」の発掘に携わり、全身に近い骨化石を発見。編著書に『日本恐竜探検隊』（岩波ジュニア新書、真鍋真との共著）などがある。

イラスト

川崎悟司（かわさき・さとし）

１９７３年、大阪府生まれ。古生物、恐竜、動物をこよなく愛する古生物研究家。古生物イラストレーター。２００１年から、趣味で描いていた生物のイラストを、時代・地域別に収録したウェブサイト「古世界の住人 http://www.geocities.co.jp/NatureLand/5218/」を開設。以来、個性的で今にも動き出しそうな古生物たちのイラストに人気が高まる。著書に『ならべてくらべる動物進化図鑑』（ブックマン社）などがある。

編集／前田直子　小林大作　新本梨華
デザイン／藤牧朝子
DTP／株式会社ユニオンワークス

やりすぎ恐竜図鑑
なんでここまで進化した!?

2018年7月26日　第1刷発行
2023年6月22日　第6刷発行

監　修　小林快次
イラスト　川崎悟司
発行人　蓮見清一
発行所　株式会社宝島社
〒102-8388　東京都千代田区一番町25番地
電話　営業:03-3234-4621
編集:03-3239-0927
https://tkj.jp
印刷・製本　日経印刷株式会社

ISBN978-4-8002-8483-9